大是文化

記住我選擇我替我傳

人人該學的行銷心理學。

本來沒興趣、錢不夠，你是怎麼被說服或操弄？

變得好想要，愉快下單。

美國艾菲效果行銷獎、
IAI 國際廣告獎年度創意人
王宏偉——著

CONTENTS

推薦語

本書的魅力，在於道出廣告這個行業最痛苦，卻也是最具魔力的地方。更珍貴的是，還提供了非常多實際可行的理論，甚至還有落地實現的做法。

策略的難為之一，是如何用不同的視角，重新挖掘和發現一個既有概念，而當我第一次看見「記住我、選擇我、替我傳」這幾個字時，除了涵義精準，覺得最有意思的是書中的各種案例，又讓我深深再度愛上了廣告這個行業。

期待讀者與我一同感知這個充滿策略、創意俯拾皆是的世界。

廣告樂血研究院／Wawa

你心中的品牌是什麼？

品牌是產品、是名字、是體驗、是記憶。品牌只有兩個字卻擁有很多元的面向能探討。探討品牌時，很有玄學的味道。

當品牌投射在商業世界中，最重要的九個字就是本書的書名了。當品牌能被目標受眾記住，那它已經完成行銷目標的第一步。若品牌在購買過程中被選擇，代表它成功完成行銷的最終目標——轉換。然而，一個品牌能否長長久久，關鍵不在第一次交易，而是能否產生第二次交易或者引發好評傳播。每次的複購顯示品牌在原客群中取得認同，而口碑傳播則能讓品牌觸及更多潛在受眾，擴展市占率的可能。

尤其是新品牌上市計畫中，我們更需要留意品牌與受眾者間的「鴻溝」！這個鴻溝往往是決定品牌能否走向主流市場的關鍵，而口碑傳播則是扮演擴大市場的催化劑。

本書從書名到內容，揭露品牌成功的關鍵與心法。如果你也是一位品牌行銷的從業人員與愛好者，相信你能從中找到新的品牌行銷的啟發。

品牌行銷匯創辦人／江仕超（超哥）

序

行銷的底層邏輯——記住我、選擇我、替我傳

如果你是個喜歡觀察細節的人，可能會發現幾個現象：有些煎餅果子攤主在你付款前會問：「加一顆蛋還是兩顆蛋？」又如果你恰好是位男士，你會發現，很多公共廁所的小便斗上都會有蒼蠅貼紙。還有，很多商家的大門，需要花費很大的力氣才能推開；在看到麵包店之前，你遠遠就會聞到撲鼻的麵包香味。這些司空見慣的現象背後，都是商家精心設計的行銷「套路」。

就因為煎餅果子攤主多問了一句話，他的營業額就神奇的增長了兩倍；就因為一個小小的蒼蠅貼紙，男性尿到小便斗外的現象比之前減少了八〇％；就因為重重的大門，顧客會瞬間慢下來，進入購物狀態，購買率也大幅提高；就因為撲

鼻的香味，消費者的味覺系統可以瞬間被搶占，輕鬆實現「路轉粉」[1]。這看似簡單卻又神奇的一切是怎麼發生的？

其實，這涉及了品牌行銷學、傳播學、符號學、信號學、心理學、生理學、腦科學、經濟學、認知神經科學等眾多學科的知識。

前不久我和某上市公司的一位副總裁聊天時，他好奇的問我，怎麼會想到從跨學科的視角來研究品牌行銷這件事。我想，一定有不少像他一樣的朋友，也對這個話題很感興趣。本書會為你詳細拆解這背後的行銷套路，讓你一看就懂、一學就會。

想抓住顧客的心？先掌握顧客的腦

英國廣播公司（British Broadcasting Corporation，簡稱ＢＢＣ）紀錄片《ＢＢＣ探索人體奧祕》（*Inside the Human Body*）中，有一集講的是「人的眼睛是怎麼看見東西的」。我在看這一集紀錄片時深受震撼：在我們司空見慣的日常事物中，竟然蘊藏著如此巨大的祕密。

於是我開始在網路上查找相關資料，這才發現，這個問題竟然困擾了人們幾千年。直到人類生物學史上最成功的黃金搭檔之一——大衛・休伯爾（David Hunter Hubel）和托斯坦・威澤爾（Torsten Nils Wiesel）的出現，才首次解開了這個世紀難題。

他們用電極在貓的大腦中進行了大海撈針似的尋找，最終陰錯陽差找到了答案，而這一看似簡單卻是劃時代的研究成果，為他們贏得了一九八一年的諾貝爾生醫獎。

這些知識對我的觸動非常大，讓我有種頓悟的感覺。很多困擾了我十多年的品牌行銷難題，一下子有了原理級的答案。

比如，為什麼有的商品還沒上市，就註定會大獲成功，有的卻註定一敗塗地？為什麼人們的大腦總是很容易被欺騙？為什麼同樣的產品，只是改個名字，銷量就會增長五十倍？為什麼同樣的內容，只是換個寫法，閱讀量就會提高一百倍？為什麼同一款App，廣告語只改了兩個字，半年時間就能增加五千三百萬註

1 網路流行語，指從路人轉變為粉絲的過程。

冊用戶？為什麼內容相同的抖音影片，一個小小的修改，就能讓它贏得五十萬粉絲？為什麼很多看似平淡無奇的創意，總能獲得巨大的商業成功？為什麼消費者購買的不是商品而是信號？

這讓我想起我的工作內容，我以前在想創意、寫文案、做設計時，大都是靠直覺，而直到這「開悟」的一瞬間，我才朦朧的明白直覺是什麼。順著這條思路，我想到一個問題：這種看似靈光一閃的直覺，有沒有可能變成一套人人都學得會、用得上的科學行銷方法？

也就是說，無論你是職場白領、素人、網紅、關鍵意見領袖（Key Opinion Leader，簡稱KOL）、普通受眾，還是品牌行銷、廣告創意、戰略諮詢業的專業人士，還是上市公司的高階管理人、執行長（Chief Executive Officer，簡稱CEO）、董事長，或是公司準備上市的經理人、正在尋找天使投資的創業者，或是酒店、飯店、連鎖店、理髮店、水果店、蔬菜店、生鮮店等各行業的老闆，只要掌握了這套方法（在本書中，我把它概括為「記住我、選擇我、替我傳」九個字），你可以瞬間變成品牌行銷專家、化身創意大神。

順著這條思路，我繼續思考：品牌行銷的最終目的是什麼？是賣貨、快速賣貨、一直賣貨嗎？我們最終服務的對象又是誰？是善變的消費者嗎？想來想去，我覺得不完全正確。確切的說，應該是消費者的「五感」[2]和心智，是消費者的潛意識和意識，是消費者大腦中上千億的神經元。

我對傳統經濟學、行為經濟學、認知神經科學、語言學、哲學等諸多相關學科的知識，進行了跨界研究和交叉論證，只有這樣，才能擺脫我們瞎子摸象式的孤立認知。這意味著，我是在打通幾十個學科，參考上百本書的基礎上，來幫你理解一個行業、一門學問。

消費者購買的不是產品，而是信號

隨著研究的逐漸深入，我越覺得，所有的事情都可以歸結為一件事：**消費者所有的購買行為都是對信號的刺激反射行為**。

用生理學家巴夫洛夫（Pavlov）的話說就是，人類的一切行為都是對信號

2 指視覺、聽覺、觸覺、嗅覺、味覺。

的刺激反射行為，信號刺激越強，引起的行為反射越大。用跨國多元控股公司波克夏・海瑟威（Berkshire Hathaway）副董事長查理・蒙格（Charles Thomas Munger）的話來說就是，一切生意的本質就是建立和維持條件反射。做生意就是發射信號給顧客，透過信號使買賣雙方在資訊不對稱的情況下完成交易。

基於諸多前輩學人的研究成果，我提出了「超級信號理論」——創建超級品牌就是創建品牌的超級信號系統，這也是一種品牌戰略行銷系統方法論。

超級信號中的「信」是指訊息（透過超級信號打破資訊差）、信任（透過超級信號建立信任鏈），「號」是信的載體，是符號、口號等。在第一章介紹超級信號發展脈絡的部分，我會結合具體商業案例詳細講解，在此不再贅述。

正如大眾傳播理論家馬歇爾・麥克魯漢（Marshall McLuhan）所說：「我們透過後視鏡來觀察目前，我們倒著走向未來」。

當我們回溯歷史時，我們會在熟悉的事物中發現陌生的元素，發現「道」（按：比喻真理、思想）真切的存在於身邊的萬事萬物之中；我們的「商品」能帶給消費者既熟悉又陌生的驚喜感，瞬間擊穿他們的心理防線，啟動他們的集體潛意識，讓一個新品牌一夜之間成為廣大消費者的老朋友，並帶給他們深深的震撼和情感喜好。這就是超級信號中「超級」的涵義，也是一眼看到終局、始終服務於最終目的、不停回到原點思考的頂層戰略設計。也是前面我們說的「為什麼有的商品還沒上市，就註定會大獲成功，有的卻註定一敗塗地」。

日光之下，並無新事。我們最終所能預測的，不過是已經發生過的事情。正如《孫子兵法》的精髓是「先勝之法」一樣：它不是「戰勝之法」，而是「不戰之法」，不是「戰而勝之之法」，而是「先勝後戰之法」[3]。

在先勝兵法的基礎上，懷著「為往聖繼絕學，讓行銷更科學」的使命，我將當下全球最前沿的認知神經科學引入戰略行銷學，並將心理學、生理學、經濟學等學科的科研成果，與品牌戰略行銷學進行嫁接和交叉驗證，用以彌補當前品牌行銷學的不足。我結合自己在過去二十年實際的操刀經驗，總結出一套系統的、三位一體的戰略行銷方法，力求讓你既可以從宏觀視角縱覽戰略行銷的全貌，又可以直接上手，將其應用到具體的工作中。

3 《孫子兵法．形篇》：故善戰者，立於不敗之地，而不失敵之敗也。是故勝兵先勝，而後求戰，敗兵先戰，而後求勝。

物理學家埃爾溫・薛丁格（Erwin Schrödinger）在一九三三年獲得諾貝爾物理學獎後，以門外漢身分撰寫了生物學著作《薛丁格生命物理學講義》（*What is Life?*），在此書的直接影響下，青年物理學家威爾金斯（Maurice Hugh Frederick Wilkins）、克里克（Francis Harry Compton Crick）、華生（James Dewey Watson）等紛紛轉向生物學領域，後來發現了ＤＮＡ[4]雙螺旋結構，並因此獲得一九六二年的諾貝爾生醫獎。此外，《薛丁格生命物理學講義》一書也深刻影響了生物學家盧瑞亞（Salvador Edward Luria）、查加夫（Erwin Chargaff）、本澤（Seymour Benzer）等。

就像已故日本企業家稻盛和夫說的，心不喚物，物不至。此書，只是一個小小的開始。

由於本人水準有限，在很多領域也是門外漢，書中內容難免會有失當之處，還請方家[5]多多指教。真切的希望本書能讓你站到巨人的肩上，少走一些彎路！

4 Deoxyribonucleic acid，去氧核糖核酸。
5 多指精通某種學問、藝術的人。

第一篇

記住我

第一章

記住什麼？名字、樣子、價值

我們需要別人「記住我」的什麼呢？記住我的名字（產品名、品牌名等），記住我的樣子（標誌、包裝、顏色、吉祥物等），記住我的價值（實用價值、心理價值等）。

01 名字就是流量，流量就是交易量

我在百度[1]工作時，有一次「得到App」創辦人羅振宇來百度演講，他當時這樣介紹自己：「羅家有三寶，鳳姐排第一，老羅排第二，我排第三。」

當時的羅振宇剛創業，《時間的朋友》演講還沒開始刷屏[2]，得到App也還沒上線，羅振宇與羅玉鳳[3]、羅永浩[4]的知名度還有一定差距，但他透過「羅家三寶」的綁定定位法，聰明的把自己的知名度提高，讓很多人記住了他。

畢卡索，一個擅長業配自己的藝術家

名字是這個星球上，別人可以由此找到你的最快方式。一個好名字往往價值連城，可以讓一個新品牌一夜成名。

名字就是流量，是戰略，也是護城河，只要大家記住了你的（品牌或產品）

名字，它帶來的流量就足以讓你收穫頗豐。所謂「名利」，可以這樣理解：緊跟「名氣」而來的就是「利潤」。

提起畢卡索的大名，很多人都知道：他二十五歲時就透過賣畫賺錢，二十八歲實現了財富自由。在當今世界藝術品拍賣市場上，十大最貴的作品裡，畢卡索的畫作就占了四件[5]。他活了九十二歲，留下七萬多幅畫作，遺產高達人民幣四百億元[6]。在美術史上，生前就擁有這麼多財富的畫家，只有他一個人。

然而，很多人不知道的是，在一九〇〇年，當滿腔熱血、懷揣著馬拉加（Málaga）全國美展金獎的畢卡索來到巴黎時，等待他的卻是人生的低潮，這個

---

1 一家主要經營搜尋引擎服務的中國互聯網公司。

2 指在網路論壇、留言版、BBS 以及即時聊天室、網路遊戲聊天系統等短時間內同一人傳送大量訊息。

3 暱稱鳳姐，中國的一位網路紅人。

4 中國科技企業家，錘子科技創始人。

5 依序為《阿爾及爾的女人（O版本）》（*The Women of Algiers*〔*Version 0*〕）、《裸體、綠葉和半身像》（*Nu au Plateau de Sculpteur*）、《拿著菸斗的男孩》（*Garçon à la pipe*）、《朵拉與小貓》（*Dora Maar au Chat*）。

6 約新臺幣一千七百七十二億元，人民幣與新臺幣的匯率約為一比四・四三元，書中若無特別標示幣別，皆是指人民幣。

時期被稱為畢卡索的「藍色時期」[7]。

由於沒有名氣，畢卡索一幅畫都賣不出去，生活極度清貧。再想想印象派大師梵谷（Vincent Van Gogh），雖然梵谷當年也極度清貧，但好歹有弟弟持續救濟，他只要一門心思搞創作就行。而畢卡索，只能靠自己！

皇天不負苦心人，只要你真是一顆明星，任哪朵烏雲都遮擋不住你耀眼的光芒。在臥薪嘗膽的積累了一批畫作後，畢卡索摩拳擦掌，準備在巴黎發揮他與生俱來的行銷天賦。畢卡索心想，要想讓巴黎的買家「記住我、選擇我、替我傳」，得先讓巴黎的畫廊老闆記住我、選擇我、替我傳。於是，他拿出帳戶中僅剩錢財的一大半僱了幾個大學生，交代他們一項祕密任務，即要他們兵分幾路，每天到巴黎所有能找到的畫廊裡閒逛，並假裝是買家，在離開畫廊時，還必須詢問老闆三句話：

請問，你這裡有畢卡索的畫嗎？

請問，在哪裡能買到畢卡索的畫？

請問，畢卡索來巴黎了嗎？

就這樣，不到一個月的時間，巴黎街頭幾乎所有畫廊老闆的腦子裡都是畢卡索這個名字。這個被傳得神乎其神的畢卡索究竟是何方神聖？他們都非常渴望見到畢卡索本尊。

所以我說，**品牌行銷學是基於傳播學，傳播學是基於心理學，心理學是基於生理學**。畢卡索初出茅廬，就對這套方法運用得很嫻熟。當然，從行為經濟學的角度看，**品牌行銷就是在資訊不對稱的情況下，買賣雙方之間的心理博奕。**

就在大家望眼欲穿之際，深諳博奕論精髓的畢卡索隆重登場，帶著他的畫作出現在巴黎的畫廊裡。可以想見，所有人的目光都不約而同的聚焦在這位畫壇新秀身上。所有畫作銷售一空，畢卡索一戰成名。現在想來，第一批購買畢卡索畫作的人確實非常有眼光，這些畫作要是一直被保留至今，價格至少已經翻了上百倍，如果這是一項投資的話，收益率[8]絕對秒殺股神巴菲特。

透過名字行銷這一招，畢卡索成功的讓巴黎的畫廊老闆記住了自己的名字，

7 一般指一九〇一年到一九〇四年期間，他的畫作大面積的使用藍色，被稱為藍色時期。

8 Earnings yield，又稱益本比，是一年或一季的每股盈餘與股價的比值。

選擇了自己的作品，傳播了自己的故事。這就是傳播的最高境界：**發動別人「替我傳」，把「向我買」的消費者變成「替我賣」的銷售者。**

看完上面的故事，你是不是對畢卡索有了全新的認識？我看到這些資料時，首先想到的就是梵谷。同為深受後世敬仰的繪畫大師，梵谷一生一貧如洗，靠弟弟的救濟勉強度日；畢卡索卻善用品牌行銷思維，剛到巴黎沒多久，就一鳴驚人，很快實現財富自由，可以盡情追求他心中的藝術理想。

連畢卡索這樣的大師級人物，都需要透過品牌行銷來銷售自己的產品，普通如我們，是不是更應該好好研究一下品牌行銷這件事呢？

我們用記住我、選擇我、替我傳這九字真經，來簡單復盤一下畢卡索的行銷策略：「記住我叫畢卡索；選擇我的畫作；替我傳播我的故事、名字。」

普通人如何打造個人品牌？

二〇一七年，我在好友的辦公室聊關於品牌行銷的事，碰巧遇到了剛從中國科學院畢業的小艾。當時她給我的印象是典型的理工女：智商高、不愛打扮、高度近視（網路上對理工女的描述）。和她短暫交談後，我了解到她當時在網路科技公司網易從事技術工作，她任職的電商部門有五百人左右，而她所在的技術團隊中，只有她一個女孩，可說是團隊中的「香餑餑」[9]。

隨著談話的深入，我知道小艾對葡萄酒特別感興趣，也正在學習侍酒的相關知識。結合這兩點，我立刻想到，她可以走「技術女神」的路線：程式設計師中最懂時尚的女神、時尚女神中最會寫程式的程式設計師。

這兩者結合起來就是小艾的個人品牌定位：網易DBA[10]女神。我建議她在穿著打扮上適當改變，根據自己的情況加入一些時尚元素。既然把個人品牌形象定位為DBA女神，其他各個方面，也一定要和形象定位相匹配。我這些話只是隨口一說，沒想到竟改變了她的職業生涯。

一般來說，技術人員吃的是「青春飯」，尤其是在互聯網公司做技術的女孩子，職業生涯會遇到很大的瓶頸。她們要麼繼續做技術，從中級工程師晉升為

9 比喻受人喜愛的人或事物。
10 Database Administrator，資料庫管理員。

高級工程師，最後變成技術專家，要麼轉行做產品經理或產品運營，或跳槽去央企[11]。小艾是典型的牡羊座，活潑好動，愛與人打交道，喜歡溝通、分享。她做技術做得很好，但最終會不會成為優秀的技術專家，需要時間去證明。

二〇一八年，小艾在網易北京電商部門內部主動做起了社交媒體公眾號，用來將團隊的技術文章推廣到技術圈，同時透過「網易DBA女神」這個標籤進行宣傳。沒想到，帶有網易DBA女神標籤的這些文章，在資料庫圈一下子炸開了鍋，為他們帶來了巨大的流量。

小艾在業界很快有了知名度。透過DBA女神的個人品牌形象定位，和自己出色的專業能力，她和BAT（百度、阿里巴巴和騰訊）、資料庫圈的一些大老成了好朋友，在技術圈建立了很好的人脈。

二〇一九年，小艾跳槽時，收到了來自阿里巴巴、騰訊、螞蟻金服、華為等行業巨頭拋出的橄欖枝。在一番糾結後，她最終選擇入職中國光大銀行總部。

從這個案例可以看出，**形象要走在能力前**。名字不只是名字，其背後是系統的個人品牌形象策劃和定位。網易DBA女神這個名字即是小艾的標籤，為她帶來了源源不斷的流量。

二〇二〇年，小艾在參與籌備光大銀行的一個發表會時向我請教，聊起網易DBA女神這個定位。我再次給她提供了建議：把「網易」兩個字去掉，只打「DBA女神」這個標籤就行；要持續對這項品牌資產進行投資，只有這樣，才能產生個人品牌資產的複利效應，這項資產的「雪球」才能越滾越大；現在投資的越多，將來的收益就越大。

名字就是流量，流量就是交易量

我們坐飛機時，從走進機場的玻璃門到進入機艙的門，免不了要步行幾公里。這段路程對行李箱的輪子是個不小的考驗，尤其是對經常出差的朋友來說。

有位叫王嘉麟的人發現，很多行李箱都是單輪的，很容易磨損。於是他突發奇想：可以裝兩個輪子試試。過沒多久，程式設計師出身的他就把產品原型做好

---

11 中央企業，指由中華人民共和國國務院或其授權的財政部、國務院國有資產監督管理委員會等機構，代表國務院履行出資人職責的國有企業。

了。這款神奇的產品叫什麼名字才能大賣？這成為擺在他面前的一個嚴峻問題，當然，這也是很多創業者面臨的問題。

有一天，他突然靈光一閃：既然產品的目標客戶是經常出差的商務人士，而這些人經常選擇坐飛機出行，那麼何不叫「飛機輪」？這個名字一聽就很有品味。尤其是對很多還沒有坐過飛機的人來說，坐飛機是一件奢侈的事。在中國十四億人口中，沒坐過飛機的人占大多數。這些人沒機會坐飛機，總可以買個飛機輪行李箱過過癮。

更別說飛機輪這個名字還真貼切：飛機的輪子剛好是雙排的。這個名字為這款新產品帶來了巨大的流量，單品銷量排行直接從二十多名飆升至前三名。所以說，**產品重要，名字更重要，名字的背後就是流量，流量的背後就是交易量。**

阿里巴巴與四十大盜有關係？

說起阿里巴巴，想必全世界的人都非常熟悉。很多人是從故事書《一千零一夜》的〈阿里巴巴與四十大盜〉中聽到這個名字。這是一個關於勇氣、智慧和財富的故事。

馬雲選擇「阿里巴巴」作為公司的名字，可以說是全球企業命名案例中不可多得的經典。為什麼這麼說？原因有以下三方面：

第一，阿里巴巴是一個全球知名的名字，而且在世界各國的發音都一致，這極大的降低了全球消費者的認知和記憶成本。

第二，即使你是第一次聽到阿里巴巴這個名字，你也會對它一見如故，腦海中關於一千零一夜、芝麻開門等，與阿里巴巴這個人物密切相關的記憶模組會被瞬間啟動。一瞬間，馬雲的阿里巴巴就能獲得阿里巴巴超級原型的洪荒之力，讓這個品牌瞬間成為全世界的老朋友，獲得人們的喜愛。

第三，不管是其拼音還是英文拼寫，在很多以首字母順序排名的名單中，阿里巴巴都能排在前面，這將使其獲得無限的認知優勢複利。

所以，大家在為品牌命名時，最好考慮一下名字的首字母是A、B，還是其他靠後的字母。如蘋果（Apple）、亞馬遜（Amazon）、百度（Baidu），名字就取得非常好，首字母不是A就是B。而騰訊（Tencent）、京東（JD.com）則差一點點。

另外，像蘋果、小米、娃哈哈[12]這些名字，都是我們大腦記憶庫中已有詞語的組合，是我們非常熟悉的名字，自然瞬間就可以被識別和記憶。品牌借用這些大眾熟知的詞語命名，可以極大的降低傳播和記憶成本。

所以，一個好名字可以為企業節省巨大的廣告費，有時遠不止一億元。試想，如果馬雲的公司不是叫阿里巴巴，那麼它需要多少廣告費，才能讓人很快記住？在為企業或品牌取名字時，如果我們不知道該選哪個，就首選記憶成本最低的。成本是做品牌時需要考慮的基本要素（降低消費者的選擇成本，以及降低企業的行銷傳播成本），掌握了這一點，也就掌握了做品牌的關鍵。

在和不少企業家交流時，我都會聽到同一個問題。企業好不容易打造了一款銷量還不錯的產品，結果賣沒幾年，這款產品的生命週期就到盡頭了，只能從零開始，重新打造一款新產品。之前花費巨資建立起來的品牌資產，一夜之間歸零了。這就是典型的「只記住了產品名但沒記住品牌名」。

對廣告行業有所了解的朋友都知道，作品是一個廣告公司最重要的品牌資產，也是廣告公司的核心產品。不同的是，這種產品的生命週期更短，很少有能超過一週的。對於曾經風靡一時的H5[13]行銷案例來說，更是這樣。我們很少看到有哪個H5案例能夠刷屏一週，大都像煙花一樣，熱度很快就會過去。

在中國有一家創立於二〇一五年底的公司，幸運的搭上了H5這趟超級列車，創造了很多火爆社交網路的H5行銷案例，有不少作品甚至顛覆了人們對H5的認知。

我第一次關注到這家公司，也是因為H5。當時我還在百度集團市場部工作，看到周圍有不少人在轉發演員姜文的新作《一步之遙》的行銷H5「評什麼愛姜文」（見QR Code）。第一眼看到這種美術風格時，我非常喜歡，於是就想了解這是哪家廣告公司出品，看是否有機會與之合作出個爆款案例。

我問遍了圈中好友，結果沒有人知道。這就是典型的資訊不對稱，產品很有名，但大家都不知道它是哪個企業做的。雖然爆款案例沒合作成，但我卻意外的為這家公司，創作了它自成立以來的第一個爆款宣傳廣告。

12 中國最大的食品飲料生產企業。

13 指可以無縫集成到微信個人資料中，以創建互動式行銷活動的行動裝置網站。

二〇一五年一月的某一天，我看到朋友圈裡有不少人轉發分享平臺大眾點評的H5「我們之間就一個字」。於是，這次我化身為廣告偵探，終於挖到了這家公司的底細，寫了一篇關於這家公司的專業報導。結果這篇文章當天就火了，讓當時名不見經傳的神祕公司在社交網路一夜成名，直接導致其第二天的業務電話被打爆。

據媒體報導，在我的文章爆紅之後，這家公司的客單價由之前的三十五萬元左右漲到了四百多萬元以上。我的文章導致這家公司產生了爆發式裂變，後續被視博恩第一財經、廣告門、中華廣告網……專業媒體和眾多自媒體持續報導。

後來這家公司的創辦人對我說：「偉哥，非常感謝你寫那篇文章，第二天我們公司的電話就被打爆了，從那之後的很長一段時間內，我每天都是在忙著拒絕新客戶。」

對了，這家公司叫W，如果你是廣告行業的從業者，你應該不會陌生。這是我為W公司放的第一把火，這把火解決了W公司爆款產品，和公司品牌之間的資訊不對稱問題，將W公司從幕後推到了臺前。這篇稿子也讓我有機會和這家公司的創辦人聚在了一起。

至於稿子的具體內容，有興趣的朋友可以搜尋〈聚W一個突然火遍朋友圈的互動公司！〉這篇文章一探究竟（文章QR Code如下）。

接著聊聊我為W公司放的第二把火，這把火比第一把的火勢更猛烈。

二〇一五年五月，我策劃的W公司創辦人李三水，在金瞳獎[14]頒獎典禮上的演講稿〈H5還能活多久？〉，在零傳播費用的情況下引發刷屏，被人民日報媒體技術、中華廣告網、廣告頭條……專業媒體和眾多自媒體轉發，在社交網路上引起近一千萬次的自傳播閱讀。

這篇稿子成功解決了「企業有名、老闆沒名」這個資訊不對稱難題，讓W公司創辦人一夜之間從幕後走到了臺前，被大眾所熟知，成了行業名人。下面和大家簡單聊聊這篇稿子的幕後故事。

和第一次無心插柳的操作相比，這次我就像一個殺手，事前進行了周密的策

14 為對大中華區內容行銷領域進行商業價值認定的獎項。

劃。在得知W公司的「野狗頭子」[15]李三水不久後將從上海飛往北京，到金瞳獎頒獎現場進行演講的消息後，我就在琢磨，如何借助這次演講，讓他一夜之間站在整個中國廣告行業的聚光燈下，為W公司和李三水之間畫上一個等號，讓人們但凡提到他的名字，就知道他是出了眾多H5爆款案例的W公司創辦人。

在他登上演講臺之前，我拿到了他最終版的簡報檔。當然，作為主辦方的廣告門也拿到了同一份簡報檔的拷貝。在現場，我一邊聽他演講，一邊留心觀察現場聽眾的反應，並拍了一些照片，以備傳播之用。同時大腦中還在構思整個傳播事件的引爆點。

頒獎典禮後，廣告門的微信公眾號把李三水的演講簡報發了出來，但並沒有引發瘋傳，和這個公眾號平時推送的內容的傳播量基本持平。照道理說不該如此，難道是他的演講內容本身缺少傳播性？這讓人有點摸不著頭緒，畢竟廣告門的微信公眾號是廣告行業中的知名帳號。針對這個問題，我想到了一個辦法。同樣的內容，用不同的角度切入，也許傳播效果會不一樣。

於是，在文章的開頭，我先用故事製造了一個小小的懸念，好引起大家的好奇心，吸引大家看下去。結果，這一招還挺靈，效果遠遠超出了我和三水的預期。感興趣的朋友，可以關注微信公眾號「跨界創意營」，並搜尋〈H5還能活多久？〉一文一看究竟（文章 QR Code 如下）。

結合上面的案例，我們做一下總結。

第一，標題就是流量。〈H5還能活多久？〉和〈我覺得H5還能多活一秒〉這兩個標題，你覺得哪個更吸引你，讓你有點開的欲望？我曾做過的很多實驗顯示，同樣內容，使用不同的標題，點擊率會有天壤之別。包括在寫作本書的過程中，我對部分標題，也進行過多次測試。

第二，接地氣。說大家都聽得懂的話，用大家喜聞樂見的「語境」講故事，能瞬間拉近距離，建立親切感。

第三，把「硬廣」變「軟廣」[16]，把「強推」變成「助推」。演講簡報原本

15 因W公司的圖騰為一隻野狗，故創辦人自稱為野狗頭子。

16 硬廣也稱硬廣告，一般指在報刊、雜誌、電視廣播這四大傳統媒體上，看到和聽到的那些宣傳產品的純廣告形式。而軟廣又稱軟文廣告，是由企業的市場策劃人員或廣告公司的文案人員，來負責撰寫的文字廣告。把需要宣傳的東西植入在文章或者各種媒介裡面。

是W公司和李三水的一個大硬廣，如果繼續採取類似廣告門那樣的寫法來報導，傳播力就很有限，整個調性就會變成W公司的案例分享，無法讓更多人主動「替我傳」，而助推的方式會好很多。

在此之後，我又為W公司和李三水策劃了不少可以在社交網路上傳播的內容。一年下來，W公司和李三水一直處在行業熱搜排行榜前列，這為其帶來了巨大的流量。在當年的金鉛筆（The One Show）創意大獎頒獎典禮上，我更是有幸見證了李三水從外國專家手中接過全場大獎。至此，李三水和W公司最關鍵的兩把火算是放完了。時至今日，W公司依然很有影響力，代表作包括李宗盛出演的New Balance 亞太區品牌形象廣告《每一步都算數》、耐吉（Nike）的《管什麼分寸》、Timberland 的《真是踢不爛》、豆瓣的《我們的精神角落》、浦發銀行的《我們的故事從沒錢開始》、《野島》等。

名字就是護城河

我們經常看到這樣的新聞：某某公司豪擲多少億元，只為買下某個品牌名稱或者某個網域名。

這些公司為什麼要花這麼多錢買品牌名稱，而不重新選個品牌名稱呢？

對此，我們看看麥當勞之父是怎麼說的。在根據麥當勞創辦人克洛克（Ray Kroc）的真實事件拍攝的電影《速食遊戲》（*The Founder*）中，有這樣一個經典橋段：

> 在洗手間裡，麥當勞兄弟問克洛克：「有一件事我一直不明白，我們第一次見面時，我就給你看了我們全部的內容、完整的系統，我們全部的祕密，而且我們都是開放式教學，你為什麼不偷學它，模仿我們的系統自己做，偏偏要付出巨大的代價來收購我們？」
>
> 克洛克說：「我一定不是第一個參觀過你們公司的人，但是，他們有多少人成功了？很多人都在做餐飲業，但誰能像麥當勞一樣？從來沒有人做到過，也不會再有人做得像麥當勞一樣，因為他們缺少了一種東西，正是這種東西讓麥當勞與眾不同，它不是快速系統，而是麥當勞這個名字。這個榮耀的名字McDonald's，它可以是你想要的任何東西。它是無限的、開放的。就像America

這個名字。而克洛克這個名字太難聽了，叫起來也繞口，誰願意在克洛克餐廳吃飯呢？但 McDonald's 太美好了。叫 McDonald's 的人，是從來不會被生活打敗的。我記得第一次看到這個名字時的情景，當時標識就在你的店面外，那是一見鍾情，我當時就意識到，我要擁有它。」

最終在一九六一年，克洛克背著老婆抵押掉房子，勉強湊齊了兩百七十萬美元，最終成功的從麥當勞兄弟手中得到了 McDonald's 這個名字。經過五十八年的持續投資，在「二〇一九年 BrandZ 全球最具價值品牌一百強排行榜」中，麥當勞的品牌價值已經高達一千三百零三・六八億美元[17]。它在 BrandZ 全球最具價值品牌排名中連續十年排名前十[18]，成為全球最值錢的超級品牌之一。

從一九六一年的兩百七十萬美元到二〇一九年的一千三百零三・六八億美元，僅僅 McDonald's（麥當勞）這個名字的品牌價值，就增長了四萬八千多倍，這還不算這個名字帶來的其他收益。正如克洛克所說，麥當勞最值錢的就是這個名字，而不是別的。

所以，名字就是護城河。

記住我、選擇我、替我傳

- 傳播的最高境界：發動別人「替我傳」，把「向我買」的消費者變成「替我賣」的銷售者。
- 產品重要，名字更重要，名字的背後就是流量，而流量的背後就是交易量。
- 說大家都聽得懂的話，用大家喜聞樂見的語境講故事，能瞬間拉近距離，建立親切感。

17 二〇一九年新臺幣與美元的匯率約為一比三十・八一元，故當時的一千三百零三・六八億美元約為新臺幣四兆零一百六十六・三八一億元。

18 二〇二二年品牌價值為一千九百六十五・二六億美元，排名第六。

02 人們只能記住他們已經記住的

眼睛是人類最重要的感覺器官，我們接收到的八〇%以上的資訊，都是透過視覺獲得。

視覺是指眼睛接受外部環境中，一定波長範圍內的電磁波刺激，視覺神經系統對其編碼加工後獲得的主觀感受。人眼可感受到的波長範圍，一般落在三百七十至七百四十奈米的電磁波，約一百五十種顏色。

人眼的光感受器由若干細胞組成，它們按形狀可以分為視桿細胞（rod cell）和視錐細胞（cone cell）。視桿細胞有六百萬至八百萬個，主司暗光視覺。視錐細胞則超過了一億個，主司色覺。簡而言之，任何圖像歸根結柢都是各個明暗部分的組合。

「記住我的樣子」指的是讓人記住你的模樣、品牌標誌、形象、顏色、吉祥物、包裝等視覺信號。和大家分享一下我剛畢業時找工作的真實經歷。

簡歷對我們每個人來說是非常重要的敲門磚。在數以千計的應徵者中，如果能讓對方記住你，基本上就成功了一大半。為了讓對方透過創意記住我，我當時可是花了不少心思。我從樣子出發來考慮，我比較有特色的外貌特徵就是嘴上的痣。當鎖定「痣」這個切入點後，我的靈感一下子就來了。

很多名人的嘴角都有痣，像好萊塢著名影星瑪麗蓮・夢露（Marilyn Monroe）的嘴角就有一顆痣。於是，我做了一組廣告動畫，廣告語是：有「痣」者事竟成。我把我和瑪麗蓮・夢露等名人的照片放在一起，對人臉進行了虛化處理，重點突出了嘴角的痣，並配上了廣告語。後來我了解到，正是因為這一系列作品給面試官留下了深刻的印象，我才成功拿到了錄取通知。

在這一系列作品中，為了達到「記住我的樣子」的目的，我採用的是後面會講到的「超級信號原型記憶法」。其底層邏輯是生理學，一句話概括就是：**人們只能識別他們已經認識的，只能記住他們已經記住的，只能聽懂他們已經聽懂的**。其中的科學原理，我會在後面的章節中詳細論述。

基於這一原理，我採用了大多數人都認識的名人，及大多數人都聽得懂的「有志者事竟成」這句話等超級信號原型，把我的形象嫁接到這個超級原型中，瞬間獲得了原型的洪荒之力，讓面試官看一眼、聽一遍就能記住我、選擇我。

撕成碎片，也認得出來

我們做個小測試，在圖1中，你看到了什麼？

很多人會說：蜘蛛人、浩克、淘寶的天貓、可口可樂。沒錯。這四張圖片有很多地方都被遮擋住了，而且沒有出現任何一個品牌Logo，左邊兩張圖片甚至都沒有露出臉部，卻能在瞬間被認出來。這正是打造品牌的最高境界，也是眾多國際一線品牌的終極目的：品牌超級碎片。什麼意思？簡單說就是，即使品牌被撕成碎片，也能被一眼認出來。品牌超級碎片，就是品牌超級戰略圖形。

可能有人會問：「品牌超級碎片對我有什麼

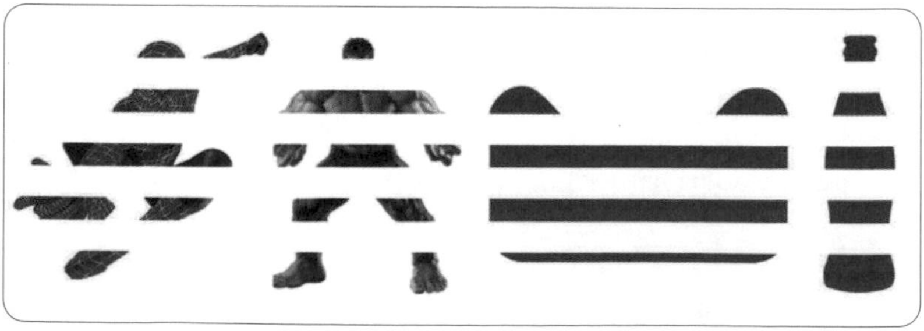

▲**圖1**　品牌超級碎片測試，你看出來了嗎？

用？」大家想想看，在資訊大爆炸的當下，你們周圍有幾個人會完整的看完一個廣告？相信在絕大多數情況下，消費者是沒有耐心看完整個廣告，他們看到的都是一些支離破碎的資訊，他們會透過這些碎片資訊，來解碼你想要傳遞給他們的內容。

在資訊碎片化時代，我們該怎麼做？在前人的基礎上，我總結出了品牌超級碎片方法，即**用「碎片」打造品牌的最小記憶單元，大幅提升廣告效果**。

品牌超級碎片指的是：消費者透過品牌的一個局部資訊，就能輕鬆識別出該品牌。也就是說，人們即使只看到一個碎片資訊或只用餘光掃一眼，也能瞬間識別出品牌，甚至在不出現品牌 Logo 的情況下，也能準確認出來。這樣可以把行銷傳播的成本降到最低，讓廣告效果得到大幅度提升。

品牌超級碎片是漫威、可口可樂風靡全球的法寶之一。LV、GUCCI（古馳）的花紋，Burberry 的格子，蜘蛛人、浩克、超人等動漫形象，只要露出一個局部，就能被成功識別；即使把可口可樂的瓶子摔成碎片，只要撿起其中任意一片，人們也能一眼認出該品牌；在不出現 Logo 的情況下，蘋果的手機和電腦也能被輕鬆辨認。這些都是已經形成自己的超級碎片的品牌。

品牌超級碎片是品牌戰略的頂層設計，有遠見的企業，都會投入重金進行品牌超級碎片建設。有的人可能還是不明白，品牌超級碎片為什麼能讓廣告效果提升一百倍。

我再舉個例子。在足球比賽中，一支球隊身穿耐吉的隊服，另一支球隊身穿愛迪達（adidas）的隊服。在整場比賽中，直播鏡頭只要掃過愛迪達贊助的球隊，電視觀眾就能瞬間認出該品牌，而相較於耐吉，直播鏡頭必須對準品牌Logo，電視觀眾才能認出該品牌[19]。

如果鏡頭專注於捕捉球員的動作而不是隊服，電視觀眾就看不到耐吉的Logo了。相反，愛迪達的三條紋特別顯眼，從T恤到短褲、襪子，再到鞋子，只差在運動員臉上塗上三條紋了。各位看到這裡，想必已經被愛迪達的品牌行銷能力折服了吧。

愛迪達的三條紋就是超級碎片，其高明之處就在於，碎片效應非常強，非常容易被認出，不用占據服裝胸部的黃金位置，處於肩膀、褲線[20]等位置就可以獨立完成傳播。耐吉則只有將商標放大，放在衣服的黃金位置才能被認出，而這些位置大都會被贊助商、球員編號、球隊等資訊占據，對品牌來說干擾信號非常多，會大大削弱品牌的信號能量。

一場比賽下來，愛迪達的被識別率會比耐吉高出很多，對消費者產生的品牌刺激也會更強烈。在廣告費用相同的情況下，愛迪達的收益顯然更大。這還只是一場比賽。試想一下，在愛迪達和耐吉每一次同時出現時，前者對消費者的刺激都遠遠超過後者，這種差距是非常巨大的。

在當下的中國企業中，天貓是為數不多可以透過超級碎片測試的品牌之一。在一項測試中，我把天貓的 Logo 去掉，只露出標誌性的貓頭符號，九五％以上參與測試的人都能成功識別該品牌。超級碎片就是超級品牌資產，能極大的降低企業的行銷傳播費用，並提高廣告信號的刺激效果。

有人可能會問：「王老師，你說的都是大企業的例子，我們這些小品牌該如何打造自己的超級碎片呢？」

19 耐吉的前身叫藍帶體育用品公司（Blue Ribbon Sports），Logo 為BRS字樣，後改成空心的勾勾圖加nike 字樣。

20 指褲腿前後正中從上到下熨成的褶子。

下面我分享的案例，是我在為王格加油站提供品牌戰略行銷諮詢服務時，設計的一套品牌超級碎片方案。

品牌超級碎片案例——王格加油站

在為王格加油站進行品牌設計時，我從品牌超級碎片（超級戰略圖形）出發，重點考慮如何才能大幅度降低企業的行銷傳播成本，同時大幅度提高企業的收益。

在調查研究中，多家民營加油站的老闆向我們回饋，某些加油站白天生意還可以，一到晚上生意就特別差。品牌識別率非常低，司機很難找到，生意自然就少了。據說某石油公司高層曾特地在夜間開車，實地探訪加油站的站點布局情況，結果找了半天才找到一個站點。出於明確的目的去尋找加油站尚且找不到，對一般車主來說，更是難上加難。

在這種情況下，有的加油站老闆就腦洞大開，在加油站外面豎起了兩道來回晃動的燈柱，以此吸引從此呼嘯而過的司機的注意力，有的甚至掛起了七彩霓虹燈。當然，這也是麥當勞兄弟剛創業時遇到的難題，好在麥當勞兄弟非常聰明，透過閃閃發光的金色拱門完美的解決了這個問題。大家今天看到的麥當勞M形標誌，就是從金色拱門演繹來的。

在我看來，實體加油站是最好的超級信號，每一個站點都是一個超級信號發射塔，都有機會把途經

▲圖2　格子的設計，能讓人聯想到賽車中的黑白格子旗，加深印象。

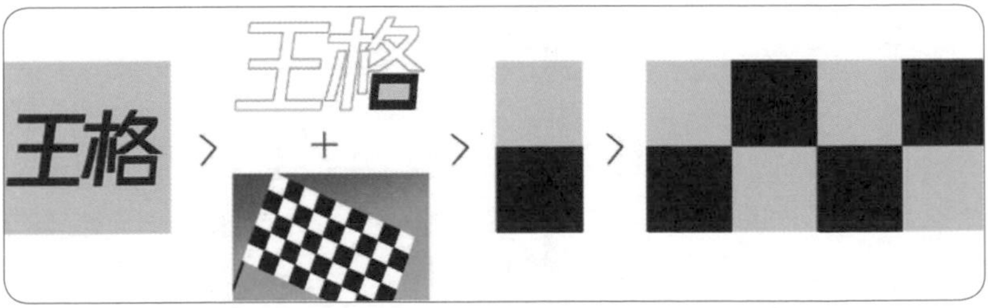

▲圖3　格有個「口」，黃黑格子和品牌嫁接得更自然。

的和半徑五公里內的汽車，吸引到加油站裡來。按這樣的邏輯，加油站的曝光率就是第一位的，品牌能見度越高，廣告的轉化率就越高。

講到這裡，想必大家已經明白，對民營加油站來說，除了「產品力」，最主要的就是曝光率和能見度。簡單來說就是，加油站的招牌要足夠醒目，這樣曝光度才足夠高，傳播成本才能被降到最低，即使在車速兩百英里[21]的情況下也能被瞬間識別。發現率和能見度提高後，生意自然就會好轉了。

在這一品牌戰略指引下，基於王格這個品牌自身的特點，我想到了世界一級方程式賽車中的黑白格子旗。在比賽中，哪怕車速非常快，賽車手也能瞬間識別黑白格子旗。黑黃格子是王格的戰略圖形符號，這個符號能瞬間啟動車主關於世界一級方程式賽車、速度、激情、能量、驚喜的集體潛意識，實現傳播效果的增強和信號能量的放大（見上頁圖2）。

格子是王格這個品牌與生俱來的戲劇性，「格」的下半部分剛好是個「口」字。這樣一來，黃黑格子這一超級碎片和王格這個品牌就嫁接得更加自然了。很多時候，我們要做的就是發現品牌與生俱來的戲劇性，並且把它增強（見上頁圖3）。

從色彩和造型兩方面，我成功打造了王格的黑黃格超級品牌碎片，有效降低了車主的識別、記憶、選擇成本以及企業的行銷宣傳成本。即使你以兩百英里的速度開車，也能瞬間找到王格加油站。就像世界一級方程式賽車中的賽車手一樣，即使車速非常快，賽車手也能用餘光瞥到黑白格子旗和地上的黑白格子線。

還有比黑白格子圖案識別成本更低的圖案嗎？如果有的話，世界一級方程式賽車早就換了。如果足夠細心，你就會發現，在我們開車或者坐車的途中，黑黃組合幾乎無處不在。黑黃格子能開啟車主大腦潛意識中的符號聯想，實現資訊傳播效果的最大化。

我們來看下頁圖4中兩種設計的效果，顯然右邊的設計更醒目、更吸引人、更能發揮品牌超級碎片效應。

最後，我們對王格的黑黃格子圖案進行一次品牌超級碎片測試，看看受眾是否能透過碎片，瞬間成功認出這一品牌（見下頁圖5）。

結合上述案例，我們可以學到的經驗有如下四點：

21 時速三百二十公里。

第一，在廣告預算相同差異不大的情況下，品牌超級碎片能讓你的廣告效果翻好幾倍，讓你的品牌曝光率最大化。曝光率帶來的是流量，流量帶來的是轉化，轉化帶來的是收益。而且，這還是一種複利效應。

第二，品牌超級碎片是品牌的最小識別單位。每一

▲**圖4**　使用黑黃格子前後的效果對比，右邊的設計更醒目。

▲**圖5**　黑黃格子品牌超級碎片測試。

個碎片都是完整的，也都能量無限，都可以獨立完成品牌識別。在碎片化時代，品牌超級碎片是提升廣告效果的超級武器。

第三，品牌超級碎片又叫品牌戰略圖形，是打造品牌的最高境界。要從企業品牌的戰略頂層進行設計，讓每一筆廣告費用，都成為對品牌資產的投資，都能產生實際的收益。

第四，「五感」是我們打造品牌碎片的五種路徑。除了視覺超級碎片，還有聽覺、味覺、嗅覺、觸覺等超級碎片。

品牌超級碎片案例——可口可樂

只要看到可口可樂曲線瓶的輪廓，我們就能識別可口可樂這個品牌。在我進行的相關測試中，九〇%以上的受試者一眼就能認出該品牌。這就是可口可樂曲線瓶的獨特魅力所在。

距離一九一五年第一個可口可樂曲線瓶的誕生已經過去一百多年了，迄今為止，全球共有三千多億個曲線瓶被銷售出去。每一個曲線瓶，都是可口可樂品牌「護城河」上的一塊磚。曲線瓶是如何誕生的？這還得從彭伯頓（John Stith Pemberton）和阿薩（Asa Griggs Candler）這兩位藥劑師說起。

一八八六年五月八日，在美國亞特蘭大（Atlanta）的一間實驗室裡，藥劑師彭伯頓試製出一種糖漿，他和助手將這種糖漿取名為可口可樂（Coca-Cola）。

「Coca」和「Cola」是分別產自南美洲和非洲的兩種植物，Coca-Cola 這個名字當時沒有什麼特別的涵義，只是為了押韻，聽著順耳。這充分說明，「押韻修辭法」非常重要，一百多年前彭伯頓為這種糖漿命名時就採用了這一方法。關於修辭法，我會在第二篇（見第一百六十二頁）講解。簡單來說，押韻的名字天生具有一種魔力，能輕而易舉的繞過人們大腦的防線，瞬間獲得人們的好感。

年輕時受過傷的阿薩，備受偏頭痛折磨。一八八八年，他的朋友建議他試試可口可樂。阿薩試飲後，頭痛果然減輕了。後來，他不斷飲用可口可樂，偏頭痛竟神奇好轉，這使得身為藥劑師的阿薩對可口可樂大感興趣。經過調查後他發現，彭伯頓並不善於經營這種產品，於是他決定入股。一八八八年八月三十日，阿薩在支付了一千美元的尾款後，終於擁有了可口可樂的全部股權。前後總共花了兩千三百美元，阿薩成了可口可樂的主人。

一八九〇年，阿薩停掉了自己別的生意，專心經營可口可樂。阿薩有一句座右銘：「今天損失的可口可樂，明天再也補不回來。」面世之初，可口可樂是在藥店的櫃檯裡被調製出來的。配合銷售的還有一套精心設計的調製儀式，跟今天調製馬丁尼酒的過程類似。銷售人員要攪拌配料，搖勻，然後優雅的倒出，供消費者享用。

阿薩的侄子們也學會了這套儀式，他們駕著馬車周遊南方，馬車後面裝著一桶桶糖漿。他們到完全陌生的城鎮去推銷可口可樂，到藥店去培訓員工調製飲料，然後鄭重其事的一遍遍進行表演。約會中的青年男女會到出售可口可樂的地方小坐，並喝上一杯，銷售人員也會完成精心設計的調製儀式，讓顧客感到不虛此行。

在阿薩接手可口可樂公司最初的十多年間，可口可樂一直是由汽水機現場調製並按杯販售。這種販售方式大大限制了企業的增長速度。為了實現快速增長，可口可樂決定推出瓶裝可樂，方便人們隨時攜帶、隨地暢飲。

很多時候，一個小小的改變就能帶來爆發式的增長。可口可樂由現場調製改成瓶裝出售，就是非常經典的用低成本的改變，實現高增長的案例。瓶裝可口可樂一經推出便大受歡迎，銷量節節攀升。就在這個時候，一個新問題出現了。由於瓶子設計太過簡單，很容易被複製，一時間各種仿冒產品充斥市場，令消費者真假難辨。大量仿冒產品嚴重影響可口可樂的品牌和銷量。公司高層經過多次論證後決定研發一款獨一無二的包裝。

一九一五年，可口可樂公司向全美的玻璃製造公司廣徵方案，要求設計一款絕無僅有的玻璃瓶，獨特到「在黑暗中僅憑觸覺即能辨認，甚至摔碎在地也能被一眼識別」。從這一要求來看，可口可樂是踐行品牌超級碎片理念的先驅。

最終，來自印第安那州泰瑞豪特（Terre Haute）的魯特玻璃公司（Root Glass Company）的設計方案脫穎而出，一舉得標。由此，獨一無二的可口可樂曲線瓶橫空出世，不僅成為其核心的品牌資產，更是引爆其業績持續增長的撒手鐧。

關於這個設計方案的靈感來源，有兩種說法：一種說法是，其受到了女士裙子形狀的啟發，瓶子底部很像女士的裙擺；另一種是可口可樂公司的官方說法，即靈感來自可可豆莢的形狀和輪廓。在我看來，官方的說法是為了和可口可樂與生俱來的戲劇性進行綁定。

一九五〇年，可口可樂曲線瓶登上美國新聞雜誌《時代》（*Time*）封面，成為首個出現在該雜誌封面的商業產品，由此奠定了其國際品牌的地位。當然，用今天的品牌公關思維來說，此舉不排除是商業互捧行為。

《時代》雜誌本想用可口可樂公司前執行長羅伯特．伍德羅夫（Robert Winship Woodruff）的照片作為封面，但被伍德羅夫婉拒，他認為品牌更重要，應被隆重介紹。伍德羅夫的「無我」精神，值得每個企業家學習。

如果當時伍德羅夫稍微「自我」一點，答應在《時代》雜誌的封面上放自己的靚照，那麼可口可樂很可能不會成為第一個出現在《時代》雜誌封面上的商業產品，今天的可口可樂也會失去這個寶貴的品牌資產。

時至今日，可口可樂曲線瓶和麥當勞一樣，已經成了美國流行文化的一部分。整個二十世紀，不斷有藝術家在曲線瓶中找尋創作靈感，包括普普藝術（pop art）大師安迪．沃荷（Andy Warhol）、創造出聖誕老人形象的畫家弗雷德．麥茲恩（Fred Mizen）等。

可口可樂的曲線瓶、麥當勞的M形標誌和紅黃色，早已成為品牌超級碎片，是業績持續增長的強力引擎。因為品牌就是流量，由品牌帶來的流量是最便宜的。一九四九年的一項調查顯示，超過九九％的美國人，僅憑包裝的外形就能辨認出可口可樂。可口可樂曲線瓶的故事，值得每個企業家深思：如何找到屬於自己的曲線瓶和視覺護城河。

記住我、選擇我、替我傳

- 人們只能識別他們已經認識的，只能記住他們已經記住的，只能聽懂他們已經聽懂的。
- 品牌超級碎片就是，即使品牌被撕成碎片，也能被一眼認出來。
- 「五感」是我們打造品牌碎片的五種路徑。包含視覺、聽覺、味覺、嗅覺、觸覺等超級碎片。
- 品牌就是流量，由品牌帶來的流量是最便宜的。

03 用最少的字，講明白你的產品價值

「將一千首歌裝進你的口袋」[22]，這是 iPod 帶給你的價值。

這個價值點不僅為蘋果帶來了爆發式的增長，也引爆了蘋果全系產品的增長，活絡了蘋果的整個商業生態。二〇〇二年，iPod 銷量上升到一百六十萬臺，較前一年增長超過一〇〇%。這一年，蘋果公司在數位音樂市場的占有率一舉超過了五〇%。二〇〇三年，iPod 的熱銷依然為蘋果公司帶來了巨大的利潤。二〇〇四年，iPod 的全球銷售額突破了四十五億美元。

「怕上火，喝王老吉」，這是王老吉這款植物飲料帶給你的價值。

22 蘋果於二〇〇一年首度發布數位音樂播放器 iPod 時，創辦人史蒂夫．賈伯斯（Steve Jobs）是這樣介紹的：「這個絕妙的小機器能容納一千首歌曲，小到能放進我的口袋。」從此「把一千首歌裝進你的口袋」（1,000 songs in your pocket），成了蘋果歷史上的一大經典廣告文案。

透過這個價值點，在鋪天蓋地的廣告轟炸下，王老吉進入飛速增長的快車道，銷售額由二〇〇二年的一億元迅速增加到二〇〇八年的一百八十億元，超過了可口可樂罐裝飲料在中國的年銷量，成為當時飲料單品中的第一名。

價值是顧客選擇你的超級理由，是一切增長的起點。價值的背後是戰略定位。越是**能用最少的字講明白你的產品價值**，**說動別人選擇你**，**你的產品含金量就越高**，**品牌也就越值錢**。大道至簡，就是這個道理。

這背後是個龐大的系統工程，不僅涉及品牌行銷的很多知識，還涉及心理學、腦科學、生理學、經濟學、行為經濟學等眾多跨學科知識。在實際操作中，最難的一步往往是找準自身的價值，並用一句話講明白。你需要從戰略定位上弄清楚，你是在創造價值，還是在傳遞價值。你可以試著用一句話來描述你的企業或你的核心價值，看這句話能不能瞬間說服別人。

「三王戰略定位法」找到你的戰略定位

三王戰略定位法中的「三王」分別是指國王、王爺和新王。

「國王」的戰略定位是成為某個領域的領導者，和遊戲規則的制定者，如茅台就是醬香酒[23]領域的國王。

「王爺」的戰略定位是綁定國王，緊跟國王分享行業紅利，如郎酒的青花郎採用的就是典型的王爺定位法，它透過綁定茅台，打出「青花郎．中國兩大醬香白酒之一」的口號，緊跟茅台，抬高自己，從而獲得增長。

「新王」的戰略定位是繞過國王和王爺，開闢一個全新的賽道，並成為這個賽道的王者，如「藍色經典．夢之藍，中國綿柔型白酒開創者」，就是典型的新王定位法。三王戰略定位法的最終目的是：讓你的品牌成為消費者的首選，占領用戶的心智。

國王採用的是防禦戰戰略，聚焦於資訊的對稱化，通常採用的是「引領策略」。國王是遊戲規則的制定者，也是品牌溢價最高者。

---

23 醬香型中國白酒以茅台為代表，是一種以高粱為主要原料的蒸餾酒。官方標準是無色或微黃、清亮透明、無懸浮或沉澱物，香氣純正、幽雅、細膩，酒體柔綿和諧。醬香特出，入口柔和，而且餘韻持久，空杯留香等皆為醬香型的風格之一。

王爺採用的是「進攻戰戰略」，聚焦於資訊的趨同化，通常採用的是跟隨策略。王爺跟在國王身後，力圖從後者的盤子中分一杯羹。

新王採用的是側翼戰戰略，聚焦於資訊的差異化，通常採用的是「創新策略」。新王透過側翼戰，繞過該領域的國王和王爺，開闢一個全新的賽道，從而成為新賽道中的國王，變成新遊戲規則的制定者，提高品牌溢價。

三王戰略定位法的精髓不是去創造某種全新的事物，而是根據企業自身的資源稟賦和競爭環境，對人們心智中已經存在的認知，進行重新關聯綁定和信號編碼，因為人們只能識別已經記住的、看懂已經懂得的。認知心智一旦形成，就很難改變。在這裡我不做過多論述，在第三篇（見第兩百四十一頁），我會根據具體案例為大家詳細講解。

至於要如何用一句話，讓人們記住你的價值點？下面和大家分享一個我實際操刀的案例。

我第一次和李航見面是在二〇一五年的中關村創業大街，當時全民創業潮如火如荼。那時李航還叫 Steven，在公開場合，他很少用李航這個名字。

第二次和李航見面時，我才知道他是中國第一位皇家侍酒師。隔行如隔山，當時我對侍酒師的理解就是幫客人倒酒的。在經過深聊後，我發現這種職業的技術含量還是挺高的，據說達到李航這種水準的侍酒師，全世界只有六位。

李航在回國前，是全球唯一一家八星級酒店阿布達比皇宮酒店（Emirates Palace Hotel）皇家侍酒師團隊的一員。在八年侍酒師職業生涯中，他服務過二十六位總統，安排過四十三場皇室葡萄酒晚宴，還曾入圍二〇一一年「英國年度最佳酒單」設計師。

在和李航的聊天中我得知，他正在創業，他的公司叫「侍上文化」，品牌名稱是「侍文院」。聽到這個品牌名稱後，我提出了自己的意見：「侍文院這個名字，理解成本太高了，普通人根本不知道你們公司是做什麼的。」同時，我對李航本人的建議是：「在中國進行推廣時，最好把 Steven 這個英文名去掉，或者予以弱化，主打李航這兩個字。」

當時，他的團隊中有人表示不認同：「王老師，我覺得 Steven 這個名字很好，聽上去很洋氣、很國際化。」

我說：「我們來做個測試，看你能不能一次就拼對 Steven 這個英文單字。如果你通過了測試，那麼我們再來考慮一個問題，在中國二、三線城市，有幾個葡萄酒行業的侍酒師能寫對這個名字？Steven 這個名字傳播成本太高了，最關鍵的是，它很難形成品牌資產。」

時間飛逝，轉眼到了二〇二〇年。有一天我看到李航在微信朋友圈發的照片，突然靈光一閃，想到一句話：「侍文院——侍酒文化領航者」。這簡直是天意，太適合了！我立馬發簡訊給李航。他也很喜歡這句話，馬上就決定將其作為廣告語。為了降低大眾的理解門檻，我又提出，可以根據情況加上「侍酒品酒・餐飲搭配・品牌行銷」這幾個和他當下的主推業務緊密相關的詞語，以此提高轉化率。

我用「侍文院——侍酒文化領航者」這句超級信號，主要是想實現以下兩個目的：

第一，將李航的個人品牌資產，嫁接到侍文院這個新品牌裡，並將這個新品牌瞬間提升到侍酒行業領航者的地位。

建設品牌資產的第一步是尋寶。如果是個人品牌的話，這個寶就要在個人身上尋找，「航」字就是我從李航身上找到的寶貝。以李航在侍酒師行業的資歷來說，他完全配得上「領航」這兩個字。

我對李航的團隊說：「你們在對外介紹公司時，只要用最簡練的語言把侍文院——侍酒文化領航者這句話講透就行了。如果有人問侍酒文化領航者是什麼意思？你們可以這樣回答：『不是所有的侍酒師，都能成為侍酒師領域的領航者。首先，這個航字取自我們創辦人的名字；其次，李航作為中國第一位皇家侍酒師，服務過全世界二十六位總統，安排過四十三場皇室晚宴，毫無疑問，他就是侍酒文化這個行業的航向。侍文院就是培養一流侍酒師的超級航母，從侍文院走出去的學員，就是這個行業未來的領航者。』」

第二，這是人們選擇侍文院的超級選擇理由。「侍文院——侍酒文化領航者」，這句話可以瞬間彰顯出侍文院的價值，也是人們選擇侍文院的理由，當然，也是侍文院獨一無二的品牌資產。

在這個頂層設計的邏輯之下，每一次的品牌露出都會是品牌資產的一次積累，長此以往，它將產生巨大的複利效應。

從二〇一五年和李航第一次腦力激盪，到二〇二〇年侍文院的全新戰略定位和品牌戰略升級，我有幸見證了它從零到一的關鍵過程。如今的侍文院，已經成為亞洲最大的侍酒餐飲文化教育航母，在全球擁有一百多所分院，遍布中國、澳洲、阿得雷德（Adelaide）[24]、墨爾本（Melbourne）等國家和地區，為全球的侍酒餐飲文化行業培養了眾多領航者。

從上述案例中，我們可以學到如下經驗：

第一，品牌和產品才是所有廣告中的超級明星，而不是明星本人。很多企業的行銷人員都會犯一個錯誤：讓受眾記住了明星，但沒記住產品；讓受眾記住了廣告創意，但沒記住產品利益；讓受眾記住了廣告語，但沒記住產品名稱。

這就要求我們的創作人員，要有以終為始的觀念，從行銷戰略的頂層設計視角來思考品牌行銷活動。在創作的一開始，我們就要做好頂層設計，分清主次。明星、廣告、創意都是為了服務產品和品牌，都是為了實現「立刻賣貨、快速賣貨、一直賣貨」這個最終目的。一切行銷活動，都是圍繞銷售和品牌資產的建立展開的，而不是別的。

第二，首要是「叫座」，其次才是「叫好」。

叫座是消費者選擇我的品牌，購買我的產品；叫好是消費者使用了我的產品後，覺得不錯，主動向親朋好友推薦我的產品，也就是替我傳。這樣一來，原本向我買的消費者，就變成了替我傳的銷售者。

記住我、選擇我、替我傳

- 能用最少的字講清楚你的產品的價值，說動別人選擇你，你的產品的含金量就越高，品牌也就越值錢。
- 三王戰略定位法的精髓在於，根據企業自身的資源稟賦和競爭環境，對人們心智中已經存在的認知，進行重新關聯綁定和信號編碼。
- 品牌和產品才是所有廣告中的超級明星，而不是明星本人。
- 產品最重要的是叫座，其次才是叫好。

24 為南澳第一大城，也是澳洲第五大城。

第二章

讓人們記住的超強記憶法

要想讓人們記住你的商品、品牌、服務或者個人品牌形象，你需要在人們心中長期占據一個有價值的定位。我總結出三種超級記憶法，即超級信號記憶法、信號能量記憶法、重複刺激記憶法。

01 一個超級信號，能頂一千個金牌業務員

有人可能會有疑問：世界上真有讓陌生人看一眼、聽一遍就能「記住我」的方法嗎？是的。

在幫某公司新到職的員工做品牌戰略培訓時，我通常會跟他們做個互動小遊戲，看他們是否能在最短的時間內記住這組編碼：xdzf.mfhcd.com。讀者朋友不妨也試一試，看自己能在多長時間內記下來，能記多久。

是不是有點難度？一般而言，在我對資訊進行解碼之前，很少有人能記得住、記得牢。但在我對資訊進行解碼後，現場大部分聽眾只要聽一遍、看一眼，就能很快記下來，並且記得很牢。

首先，我們可以確定，這組編碼是一個網址，因為尾碼是 .com。這個尾碼毫不費力就能記住。

其次，前面連續的四個字母 xdzf 非常好記，你可以將其解碼為「現代支付」

的拼音首字母。如何才能記住中間連續的五個字母 mfhcd 呢?這是難倒很多人的地方。除非你英文非常好,否則你很難想到 mfhcd 是「**m**odern **f**inance **h**olding **c**hengdu」這幾個單字的首字母。怎樣才能讓英文不好的人,快速記住 mfhcd 這個字母串呢?這個問題浪費了我不少腦細胞。有一天我恍然大悟:把這組編碼解碼成中文,可以有效降低記憶的門檻。

我對 mfhcd 這個字母串重新進行了解碼,把它解碼成「沒法回成都」的拼音首字母。這樣一來,xdzf.mfhcd.com 就很容易記憶了。

可能有人會問,為什麼我要把 mfhcd 解碼成「沒法回成都」?因為現代支付公司(或稱現代金控)的總部在成都。對現代支付公司那些常年出差在外的員工來說,沒有比「沒法回成都」這句話更能引起共鳴的了。

每當我講到這裡時,臺下新員工的臉上,就會不約而同的露出笑容,並在談笑間輕鬆記住現代支付的網址。

經過我的解碼,不僅現場九五%以上的新員工能很快記住這個網址,一個月後我回訪時,很多人仍然記得很準確。這是我們在傳播中經常會遇到的問題。我時常覺得,從事品牌行銷諮詢這一行,就跟當間諜一樣,要不斷對客戶的「情報」進行翻譯、解碼、編碼，往往還要把客戶既定的複雜「傳播編碼」，用通俗易懂的方式讓廣大消費者瞬間記住。

著名的腦科學家、美國國家科學院院士邁克爾・葛詹尼加（Michael S. Gazzaniga）認為，人類科技未來最大的突破點在意識控制。葛詹尼加有多厲害呢？「葛詹尼加之於腦科學的研究，堪比史蒂芬・霍金（Stephen Hawking）之於宇宙的研究」，這是美國《紐約時報》（*The New York Times*）對他的評價。

在他和他的兩位好友合著的《認知神經科學》（*The Cognitive Neurosciences*）這本書中，他們根據訊息維持的時間長短，將記憶分為三種：感覺記憶、短期記憶、長期記憶（見圖6）。

感覺記憶是按毫秒或者秒來計算的記憶。比如，我們可以記起某人剛剛說過的話，即使我們當時並沒有刻意去聽、去記。

感覺記憶・短期記憶・長期記憶

感覺記憶	短期記憶	長期記憶
毫秒／秒	幾秒／幾分鐘	天／年

▲**圖6**　根據訊息維持的時間長短，可分為三種記憶類型。

短期記憶是指那些能夠維持幾秒鐘或者幾分鐘的記憶。像我們收到的簡訊驗證碼等，如果不刻意去記，一般只能在記憶中留存幾秒。再比如我前面提到的xdzf.mfhcd.com這組編碼。如果沒有經過解碼，只靠死記的話，它頂多在我們記憶中留存幾分鐘。

長期記憶是按照天或者年來計算的記憶。像你初戀女友的名字，或是你童年時拿到的第一個全國性冠軍獎項，或是上週你和幾年沒見的大學同學的聚餐地點。

對企業和品牌行銷從業者來說，最難的是讓自己推銷的產品或品牌，在被人們不經意間看到或聽到的瞬間，進入人們的長期記憶。如何才能用最少的費用、最短的時間，讓我們推銷的產品或品牌，毫不費力的進入人們的潛意識，成為人們大腦海馬體中的長期記憶呢？這是我接下來要詳細講述的內容：超級信號記憶法。

超級信號記憶法：解碼、編碼、儲存

一切傳播行為都是信號的編碼與解碼，一切購買行為都是對信號的刺激與反

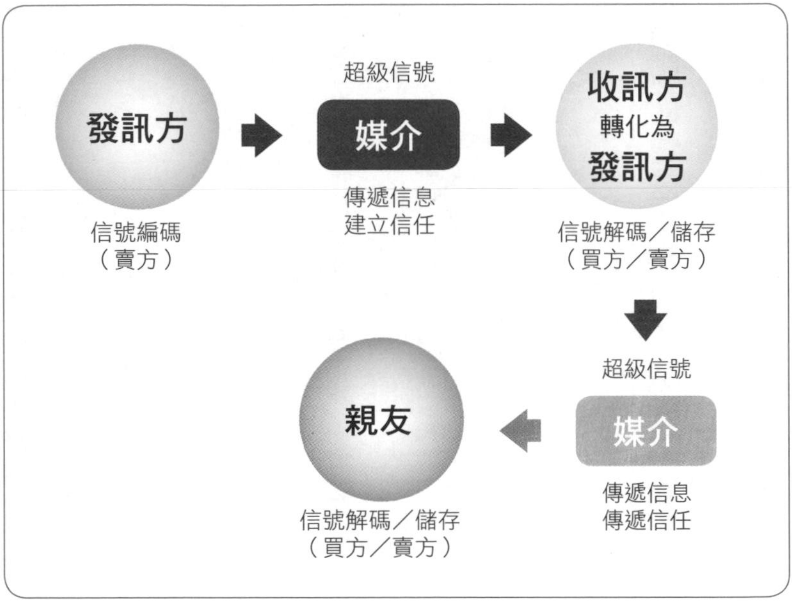

▲**圖7**　超級信號記憶法。先編碼傳送，收訊方收到後解碼，並做出反射。

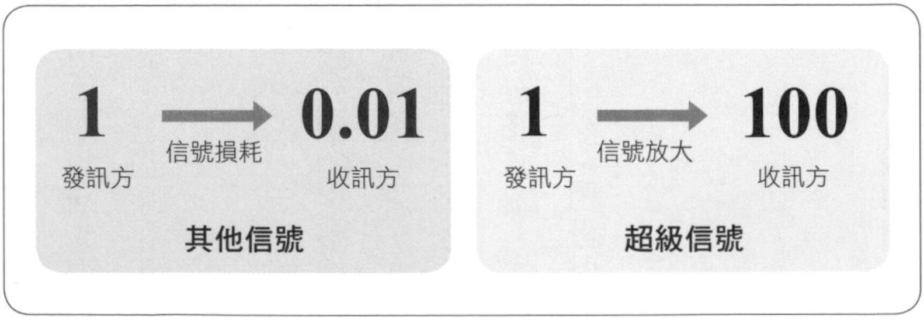

▲**圖8**　一切傳播戰略，都基於信號的損耗和放大。

射，一切品牌的最終目的都是建立品牌超級信號。

發訊方（賣方）將「選擇理由」編碼成一個超級信號，透過媒介發射給收訊方（買方），買方接收到信號刺激後，再對其進行解碼，然後做出行為反射。編碼即訊息信號化，以賣方為中心；解碼即信號訊息化，以買方為中心（見右頁圖7）。

雖然解碼總是力圖接近編碼，但現實情況很難完全如願。最常見的現象是，賣方編碼的訊息是一，買方解碼的訊息是〇．〇一，在這個過程中，信號損耗了九九％。透過超級信號編碼法（引爆買方集體潛意識），就可以將信號放大一百倍（見右頁圖8）。

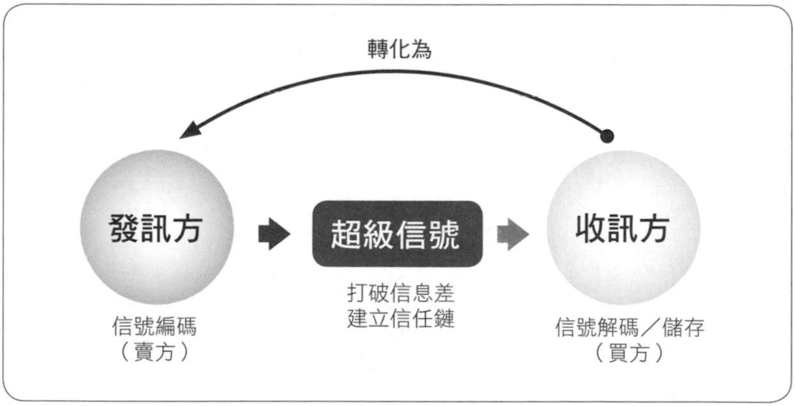

▲**圖9**　透過超級信號，將向我買的「消費者」轉化為替我賣的「銷售者」。

創建超級品牌，就是創建品牌的超級信號系統；創建品牌的超級信號系統，就是創建一套，可以讓消費者瞬間產生行為反射的品牌超級編碼。這種行為既是選擇我，也是替我傳（將原本向我買的消費者，變成替我賣的銷售者，見上頁圖9）。

超級信號記憶法可以將我們要傳播的訊息，牢牢的植入進消費者的心智中，成為消費者大腦中的長期記憶，成為消費者購買時的首選。一般來講，超級信號記憶法分為三步：解碼、編碼、儲存。

第一步，解碼。對你需要消費者記住的訊息進行解碼，最重要的是發現企業、品牌、產品與生俱來的戲劇性，並把這種戲劇性最大化。

在具體的商業實踐中，我們大多數時候都是對顧客為什麼選擇你，而不選擇別人的超級選擇理由進行解碼和編碼。

第二步，編碼。將你要傳達的訊息與人們本來就記住的訊息，和大腦中本來就已經存在的編碼進行嫁接，生成一個人們聽一遍、看一眼就能記住的超級信號編碼。

人們本來就記住的訊息編碼，可以理解為「宮殿記憶法」（Method of

Loci）[1]中的「宮殿」，也可以理解為心理學家榮格（C.G.Jung）所說的集體潛意識（Collective unconscious）[2]。

它是人們共同的記憶、共同的生活經驗、共同的人類文化。只有這樣，我們的新品牌才能一夜之間，成為全國人民的「老朋友」。

第三步，儲存。品牌超級信號是能瞬間進入人們長期記憶裡的超級訊息編碼，可以讓我們的品牌和商品瞬間獲得消費者的信任。它是將你要傳達的訊息，與人們本來就記住的訊息編碼進行嫁接，而不是創造一個全新的訊息編碼模組。只有這樣，消費者才能記得牢、記得準、記得久。

十秒鐘內牢記「戰國七雄」

比如當小孩突然問你：「戰國七雄是指哪七個國家？」時，你很可能會像我

1 主動想像一個自己最熟悉的場境，然後透過裡面的物體擺設，來把我們要記憶的內容，與這些物體擺設做連結，連結完之後，以後只要叫出你熟悉的這個場景，就可以把相關聯的所有事物記憶也一起叫出來。

2 榮格認為人格結構由三個層面組成：意識（自我）、個人無意識（情結）和集體無意識（原型）。

一樣突然一愣，想半天也湊不齊七個名字，即使勉強回答出七個來，也不確定回答的對不對。雖然上網搜尋一下，就能知道戰國七雄的名字。但它們極有可能會成為你的短期記憶。那麼，如何才能讓它們成為你的長期記憶呢？讓我按照上文所說的三步法來重新記憶一遍。

第一步，解碼。解碼最重要的是發現品牌與生俱來的戲劇性，並把這種戲劇性放到最大。就像我們燒開水一樣，要一次性把水燒到攝氏一百度。

我們先將這七個國家重新排序：趙國、魏國、韓國、齊國、秦國、燕國、楚國。照此順序一排列，最大的戲劇性已經出來了。在這裡，我們可以找到兩個明星的名字：趙薇（趙、魏）、齊秦（齊、秦）。現在最關鍵的是，我們如何把這種戲劇性放到最大。如果你自己能解碼到這一步，那麼恭喜你，接下來的內容會帶給你更多的驚喜。

第二步，編碼。借助趙薇和齊秦這兩位明星的超級原型的力量，我們重新對戰國七雄進行編碼：

趙薇喊齊秦演出＝趙（趙國）薇（魏國）喊（韓國）齊（齊國）秦（秦

國）演（燕國）出（楚國）。

這樣一來，你就能記住這一串名字。

第三步，儲存。在大腦中，我們將戰國七雄儲存為「趙薇喊齊秦演出」這個記憶模組。這個記憶模組肯定進入了我們的長期記憶（見圖10）。

新品牌如何成為第一品牌

在這裡，我借用前面提到的侍文院的案例，用超級信號記憶法做一次簡要的復盤。

第一步，解碼。在解碼中我發現，侍文院這個名字很難說服受眾，也很難給受眾留下深刻印象。最關鍵的是形不成「唯一」或「第一」的印象。要想快速贏得消費者，就

第一步：解碼

秦國、楚國、齊國、燕國、趙國、魏國、韓國
趙國、魏國、韓國、齊國、秦國、燕國、楚國

第二步：編碼

趙（趙）薇（魏）喊（韓）齊（齊）秦（秦）演（燕）出（楚）

第三步：儲存

戰國七雄＝趙薇喊齊秦演出

▲**圖10**　戰國七雄的解碼與編碼。

必須成為消費者大腦中的第一或者唯一。就像人們通常只能記住奧運金牌得獎者，很難記住銀牌和銅牌得獎者一樣。

順著這個思路，我繼續尋寶，找到了侍文院的創辦人李航這個寶。在他身上，很容易挖掘出第一和唯一的元素。找到企業、品牌、產品、創辦人身上的第一或者唯一的元素，是解碼過程中最關鍵的動作。從消費者視角進行解碼，目的是找到消費者為什麼選擇你而不選擇別人的超級選擇理由，而李航恰好是消費者選擇侍文院的超級理由。

第二步，編碼。我對上述資訊進行了如下編碼：

侍文院＝侍酒文化領航者＝創辦人李

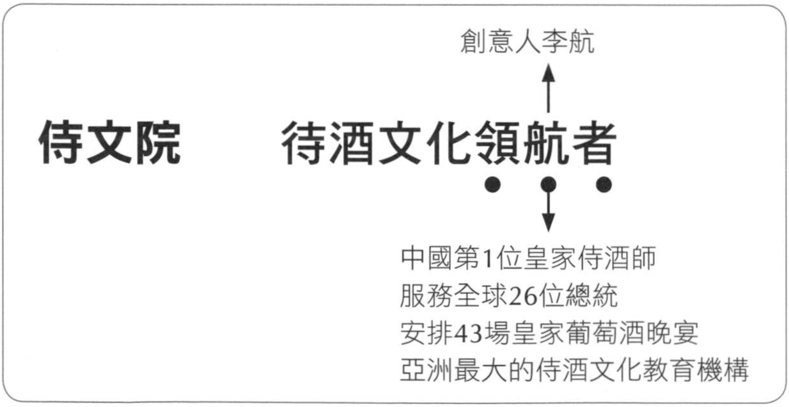
創意人李航
侍文院
侍酒文化領航者
中國第1位皇家侍酒師
服務全球26位總統
安排43場皇家葡萄酒晚宴
亞洲最大的侍酒文化教育機構

▲**圖11**　侍文院——侍酒文化領航者超級信號編碼應運而生。

航＋領航者（中國首位皇家侍酒師＋服務全球二十六位總統＋安排四十三場皇室葡萄酒晚宴）

「侍文院——侍酒文化領航者」這個超級信號編碼應運而生，它可以瞬間讓侍文院這個新品牌成為廣大消費者心目中排名第一的品牌（見圖11）。

第三步，儲存。受眾在將侍文院——侍酒文化領航者的編碼存入大腦的同時，也將這一編碼與總統、皇家晚宴等集體潛意識嫁接到了一起。這樣一來，我們就實現了一大於一百的傳播效果。

用一個信號讓人快速記住優勢

我在給現代支付公司的新員工做培訓的時候，通常會給出三組編碼與現場的觀眾進行互動，「3710121.222」就是其中的一組（見下頁圖12）。

如果不進行解碼，現場聽眾很難記住這組編碼，因為對他們來說，這是一組和自己沒有關聯的編碼。

讀者可能比較好奇：這組數字有什麼寓意？這組數字是我為現代支付公司提

煉的核心品牌資產，也就是說，我把這家公司十年的榮光時刻壓縮進了這十個數字中。

在培訓現場時，我對新員工說：「這十個數字就是你們可以隨身攜帶的宣傳手冊，而且比宣傳手冊好用得多。當你們向客戶介紹公司時，只需要用一分鐘時間講解一下這組編碼，對方很快就能了解你們公司的實力。」

我用超級信號記憶法來講解一下這個案例。

第一步，解碼。我對這十個數字重新進行排序，將其調整為101222371.2。

第二步，編碼。我對這串數字進行了如下編碼：

3710121.222

▲**圖12**　「3710121.222」編碼。

10	12	22	37	1.2
成立 10 週年	交易規模 全國排名前 12	全國 22 家雙牌照 支付機構之一	全國 37 家分公司	交易額 1.2兆元

▲**圖13**　3710121.222 調整成 101222371.2 進行編碼。

101222371.2=10、12、22、37、1.2

10代表的是公司成立十週年；12代表的是公司在所處行業中的排名；22代表的是全國二十二家雙牌照支付公司之一；37代表的是其全國擁有三十七家分公司；1.2代表的是二〇一九年的交易額約為一．二兆元。

第三步，存儲。你只要在腦海裡輸入10（十年）、12（前十二）、22（二十二家之一）、37（三十七家分公司）、1.2（一．二兆）這組編碼，瞬間就能記住這家公司的基本情況（見圖13）。

如果你是這家公司的員工或客戶，你很快就能熟悉這家公司的概況，而且能牢牢記住。目前，現代支付公司在很多宣傳資料（官方網站、宣傳海報、企業文化月刊等）上都開始使用這組超級信號編碼，在降低顧客選擇成本的同時，也獲得了收益，積累了品牌資產。大家可以想想，如果現代支付在其官網或者海報上去掉這組超級信號編碼，其廣告的信號能量是不是瞬間就會減弱九九%。

一個超級信號能頂一千個金牌銷售員，它會全天候、常年無休的幫你宣傳、幫你賣貨，而且不收一分錢。大家留意一下就會發現，很多企業也在採用類似的宣傳策略，以求將潛在消費者的認知成本、選擇成本降到最低。

二〇二〇年初，滴滴出行[3]執行長程維，提出滴滴集團未來三年的增長戰略為0188，即「零重大安全事故，三年內實現每天服務超過一億單，國內全出行滲透率超過八%，全球月活躍用戶超過八億」。

這種策略不僅涉及超級信號記憶法，還涉及數字修辭法，至於後者，我會在第二篇（見第一百八十頁）進一步講解。

放慢、放鬆，然後成交

超級信號的底層原理是神經科學，它可以刺激消費者的神經，讓消費者瞬間慢下來，立刻進入購物狀態。從神經科學角度看，我們發射的信號是能給受眾帶來「安全感」的信號，可以讓受眾瞬間進入認知放鬆的狀態。

科學家研究顯示，人類在收到信號的〇．〇一秒裡，大腦中的杏仁核（Amygdala）[4]會做出行為反射，判斷其是安全信號還是不安全信號。如果是安全信號，消費者就會進入認知放鬆狀態，放下防備，這時候很容易實現成交；

如果是不安全信號，消費者的本能反應就是「逃離」或者「戰鬥」，在這種情況下，商家會錯失一次成交機會。

要想成交，首先要讓顧客慢下來，只有慢下來，才能進入購物狀態。這就需要我們的超級信號，給受眾的杏仁核帶來短暫的安全感，讓他們放下防備。

細心的人可能會發現，有些商店的門特別重，你需要花很大力氣才能推開；有些商店門上會裝個門鈴，當你推開門時，它會發出叮噹的聲音。要花大力氣才能推開的門，和叮噹聲都是商家精心設計的超級信號，目的是透過這個刺激物，瞬間引起你的條件反射，讓你迅速慢下來，進入購物狀態。

在推門的瞬間，消費者通常要花很大的力氣；在聽到鈴鐺聲時，消費者的杏仁核會瞬間進入本能的「凍結」狀態，來判斷這個聲音是安全信號還是不安全信號。這兩種情景，能夠讓消費者很順利的完成從快到慢的狀態切換。當消費者處

3 中國的網路叫車平臺。

4 位於大腦底部，屬於邊緣系統的一部分，因為形狀類似杏仁而得名。主要功能為掌管焦慮、急躁、驚嚇及恐懼等負面情緒，故有「情緒中樞」或「恐懼中樞」之稱。

於匆忙的狀態時，任何推銷都是無效的，因此，很多購物場所都會設置一個購物緩衝地帶，目的是讓顧客慢下來，進入購物狀態。這涉及很多「購物人類學」的相關知識。

明白這個原理後，我們在進行品牌行銷、銷售推廣時，就有了明確的方向：**想盡一切辦法讓顧客慢下來、進入認知放鬆狀態**。

我在為作家劉傑輝的《連接力》一書撰寫封面文案時，就是希望「要麼獨當一面，要麼連接一切」，這十二個字能夠讓經過它的受眾放慢腳步。當他們看到這十二個字時，就會不自覺的對自己進行歸類，在心中問自己：「我是屬於獨當一面的專業型人才，還是善於連接一切的整合型人才？」當他們開始思考這個問題時，就已經進入購物狀態了。這本書上市後，很快就取得了新書熱賣榜排名第一的好成績。

一般來講，「五感」是我們打造讓顧客慢下來的五種超級信號的路徑。要花大力氣才能推開的門，就是讓顧客慢下來的觸覺信號；叮噹聲就是讓顧客慢下來的聽覺信號；商場裡撲鼻而來的麵包香味，就是讓顧客慢下來的嗅覺信號；試吃就是讓顧客慢下來的味覺信號；飯店門口的現切、現蒸、現榨的演示，就是讓顧客慢下來的視覺信號。

具體到實際操作中，還有很多是透過視覺信號（符號學）和聽覺信號（修辭學）讓顧客慢下來，然後迅速進入購物狀態。

抽象概念圖像化，增強記憶與理解

想必大家都有過這樣的經歷，當我們遇到多年未見的朋友時，明明對方很眼熟，但就是叫不出名字來。這是因為人的相貌屬於形象資訊，受右腦控制，人的名字屬於語言符號，受左腦控制。

根據科學家的研究，相較於抽象資訊，人類大腦更擅長記憶形象資訊。當我們用左腦記憶時，無論如何努力，我們都只能記住有限的資訊。當我們用右腦記憶時，只要充分發揮聯想力，就能輕鬆記住大量資訊。

超級視覺信號記憶法（符號記憶法）又稱右腦記憶法，它的特點是記憶門檻低，很多時候都是透過潛意識而不是意識來記憶的。

有一次，我和三歲的女兒穿過商場前往停車場時，她突然拉住我的手說：

「爸爸，這個店的圖和你的水杯好像。」我回頭一看才發現，女兒說的是星巴克，因為我喝水用的杯子，正是帶有星巴克人魚圖案的杯子。不知道從什麼時候開始，女兒的潛意識已經記住了星巴克的標誌。這就是符號和圖形標誌的優勢，記憶成本非常低，三歲小孩都能記住。

星巴克的綠色人魚標誌就是符號資訊，STARBUCKS COFFEE 這一名稱就是抽象資訊，它調用的是我們的第二信號系統。英文不好的成年人很難記住這個資訊。大家不妨做個測試，看看自己或者身邊的朋友，有幾個人能夠拼寫出星巴克的英文全稱。能完全拼對的人應該不多。

對此我也做過多次測試。我將 STARBUCKS COFFEE 寫在紙上，隨機問身邊十個朋友：「這是哪個品牌？」結果有九個人都沒有認出來。可見，對大部分東方人來說，如果去掉星巴克的人魚標誌，STARBUCKS COFFEE 就像剛出現的新品牌，認識的人很少（見圖14）。

STARBUCKS COFFEE

▲**圖14**　去掉星巴克的人魚標誌，STARBUCKS COFFEE 就像剛出現的新品牌。

用右腦將資訊圖形化之後再進行記憶的方法，我稱為超級視覺信號記憶法（符號記憶法）。我們在創建品牌形象時（比如 Logo、包裝、吉祥物等），要適當的運用符號記憶法，將抽象的資訊圖像化、符號化。蘋果的標誌，就是將抽象的 Apple 透過咬了一口的蘋果進行了符號化；麥當勞的標誌，就是將抽象的 McDonald's 透過 M 形標誌進行了符號化；我為現代支付設計的超級符號 8，遵循的就是符號化記憶原理；耐吉的勾勾符號，也源於這種邏輯。

記住我、選擇我、替我傳

◆ 一切傳播行為都是信號的編碼與解碼，一切購買行為都是對信號的刺激與反射，一切品牌的最終目的都是建立品牌超級信號。
◆ 建立超級信號記憶法的步驟：解碼、編碼、儲存。
◆ 創建品牌形象時，要適當的運用符號記憶法，將抽象的資訊圖像化、符號化。

02 信號要強、簡單，帶感情

一切傳播行為都是信號的編碼與解碼，一切購買行為都是信號的刺激與反射。賣方將選擇理由編碼成一個超級信號，透過媒介發射給買方，買方接收到信號刺激後，瞬間對其進行解碼，然後做出行為反射。

放大再放大，印象才會深

信號能量越強，所引起的行為反射越強。這種行為反射，不僅包括立即購買，還包括替我傳、替我賣。信號要強主要是指以下三方面：

第一，為信號注入強大的訊息能量。這種強大不是盲目的強大，不是自我陶醉式的強大，而是該放大的放大，該去掉的去掉。如何透過信號能量，把廣告效果提升一百倍？

在我的超級信號方法中，有一個非常關鍵的招式叫做「信號能量放大術」——**放大選擇理由**、**產品賣點**、**品牌標誌**、**字型大小**等。這樣做只有一個目的，就是從品牌戰略頂層設計層面，根據品牌資產複利原理對訊息進行排序，然後把該放大的訊息放到最大。這樣信號能量才最強，才能最有效的引發消費者的刺激反射行為。

如果你還是不明白這個道理，那麼我們來看一下蘋果 iPhone 12 發表會現場的照片。有人會說蘋果執行長庫克（Tim Cook）身後那個巨大的 5G 沒格調嗎？當然不會（見圖15）。

我們再來看看 iPhone 12 的賣點圖

▲**圖15**　iPhone 12 發表會現場照片，將 5G 字樣盡可能的放大。

是如何放大選擇理由的。在這個廣告設計中，處於核心位置的當然是產品，第二醒目的是5G這個核心選擇理由，其次才是顏色、4K[5]、XDR[6]、攝影鏡頭等。大到全球的廣告海報，小到一張街頭傳單，我們都需要用品牌資產原理和核心選擇理由，從品牌戰略的高度進行排序。

我們再來看看麥當勞是如何將信號能量放大一百倍以上，讓方圓三公里內的人都能看到的。

當你正在猶豫吃什麼時，如果眼前突然冒出麥當勞的大Logo，你瞬間就會被其吸引。你是想讓看板被一百個人看見，還是被一個人看見？這是有差別的。

一旦掌握了信號放大術，在同等的預算條件下，你的廣告效果將不只提升一百倍。所以說，品牌戰略是「一把手工程」[7]。如果主導者不懂得品牌行銷，一大半廣告費就會打水漂。

如何實現一大於一百的傳播效果？

超級信號是資訊的超級壓縮包，是引爆潛意識的炸藥包。我們的企業或個人品牌的超級信號，直接引爆的是人們大腦中的「語義網絡」。透過語義網絡，它可以連接更多的內隱記憶模組，從而達到一大於一百，甚至是一大於一千的效果

（見第七十二頁圖8）。

語義網絡指的是存在於人們腦海中的一組組聯想網絡。當我們激發或啟動某一部分的網絡時，激發效應就會向外擴散至整個網絡。這時，與之相關聯的概念就會優先出現在腦海裡。

蘋果公司的名字或者被咬了一口的蘋果Logo，會自動啟動人們大腦中關於賈伯斯、創新、顛覆、高科技、iPhone、iPad、蘋果砸在牛頓頭上從而激發其「萬有引力」理論的靈感、亞當和夏娃偷吃「禁果」、人工智慧之父艾倫・圖靈（Alan Turing），因吃含有氯化鈉的蘋果而去世等關聯神經元網絡模組，瞬間為蘋果這個品牌注入超級能量，引爆消費者潛意識中的巨大能量（見下頁圖16）。

品牌是人們大腦中大型的相關聯想網路的一部分，啟動和建立這種基於潛意識的神經連接，就是超級信號的任務。

---

5 指顯示器或顯示內容的水平（橫向）顯示大約四千零九十六像素左右的解析度。

6 XDR是Apple Pro Display XDR中的顯示技術。Apple將功能描述為「動態範圍到極致」。

7 指某個地方或單位，根據最高的行政長官的個人意願做的一項工程或活動。

超級信號爆發出的威力遠遠超出了信號本身的威力，它引爆的是集體潛意識，啟動的是消費者頭腦中的原力，也就是人類與生俱來的能量，這種能量代代相傳，積累了上億年，會產生一大於一百的超級效果。比如，我為百度地圖創作的品牌形象微電影中，「別讓愛你的人等太久」這句話，就蘊含了巨大的資訊能量。它沒有直接告訴你「透過使用百度地圖，你可以避開擁堵，早點抵達目的地」，而是採用愛的編碼，站在對方（愛你的人）的角度來說的。愛你的人，可以是你的家人、父母、情人、小孩、兄弟姊妹等，也可以是你的熱戀對象、朋友、同事、老師、客戶等（見左頁圖17）。

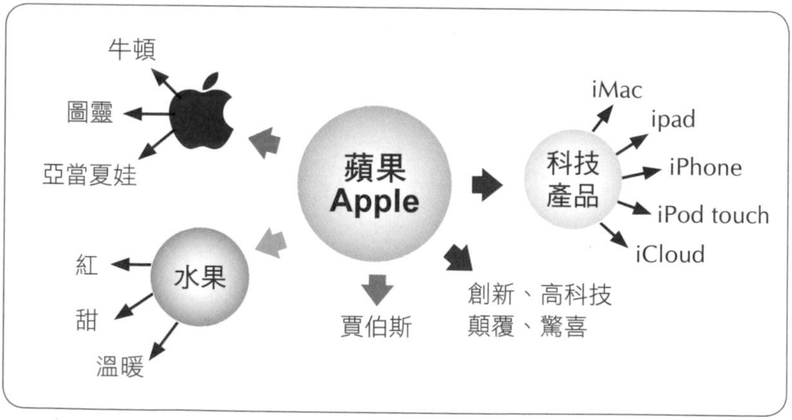

▲**圖16**　「蘋果」概念的語義網絡。

這句話啟動的是人們頭腦中「愛你的人」的集體潛意識。當久別重逢的戀人即將見面時、當在外工作一年的父母馬上要見到自己留守老家的孩子時，他們恨不得長出一雙翅膀立即飛過去，因為這一刻，他們讓愛他們的人等得太久了。

這部微電影講的是人間大愛，是母親和兒子之間的愛：母親為了看看麗江的美景，已經等待了四十多年。這部微電影一播出，就被楊冪、劉愷威等明星轉發，引發了網路熱議，播放量近億次。

第二，**為品牌注入強大的情感能量**。讓人們第一次看見、聽見你的品牌時，就和它建立情感連接。

在上文提到的百度地圖品牌形象微電影

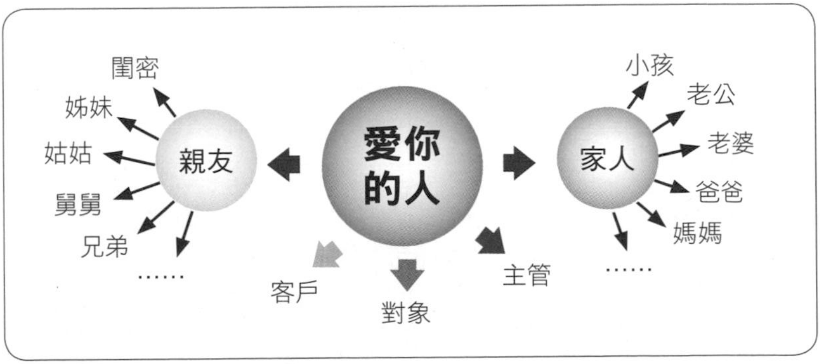

▲圖17　「百度地圖——別讓愛你的人等太久」語義網絡。

中，我透過「別讓愛你的人等太久」這句話，為百度地圖 App 注入了強大的情感能量。這個影片被眾多名人轉發，自傳播播放量近一億次，成為當年百度集團大市場部標竿案例，並為百度在品牌行銷行業拿遍全球頂級華文創意獎項。關於這個案例的詳細內容，我會在第三篇進行深度講解（見第兩百七十三頁）。

接下來，我們看看德芙（Dove）是如何為它的品牌注入強大情感能量的。

我在前面講到，一切傳播都是信號的編碼與解碼。如果 Dove 這幾個字母擺在你面前，你會怎麼解碼它，讓人們快速愛上它？

關於這個品牌，有一個開始於一九一九年春天的愛情故事。故事的主人公是一位廚師和一位公主。廚師因為受傷而與公主巧遇，之後，他為美麗的公主製作了覆蓋熱巧克力的冰淇淋。公主很喜歡這款冰淇淋，兩個人也因此互生情愫，但都沒有表露心跡。後來，公主在王室的要求下，將與他國的王子結婚，在離開之前，她準備與廚師做最後的告別。

廚師又為公主製作了覆蓋熱巧克力的冰淇淋，並在巧克力上刻下了 Do you love me 的縮寫 Dove 來表達愛意。結果，寫滿愛意的熱巧克力被送到公主面前時早已融化。廚師失去了這最後的表白機會，兩個人只能各奔東西。各位看到這裡，是不是特別為廚師感到惋惜？這麼有創意的表白，卻敗在了傳達上。

為了製作固態的、不會融化的巧克力，廚師經過多年苦心研製，終於製作出了香醇可口的固態巧克力，取名為德芙，並在每一顆巧克力上都刻上這四個字母。德芙公司借此推出了這樣的理念，只要人們向情人送出德芙巧克力，就意味著向對方輕聲詢問：「Do you love me？」

Do you love me 是對德芙這個名字最有愛意的解碼，德芙也是對愛最好的編碼（見圖18）。

德芙用愛的編碼征服了心中存有愛意的人，並用愛的理念使人們產生了愛的共鳴，這是它最寶貴的品牌資產。在德芙的故事中，隱藏著關於傳播的全部密碼：記住我、選擇我、替我傳。記住我的產品叫德芙；記住廚師和公主感人的品牌愛情故事；記住 Dove 就是 Do you love me 的縮寫；選擇我的產品德芙巧克力，選擇的理由是「愛不會融化，

Do you love me

▲圖 18　Do you love me？是對德芙（Dove）這個名字最有愛意的解碼。

德芙也不會融化」，只融在口，不融在手；替我傳我的品牌德芙，替我傳我的品牌故事「廚師和公主」，替我傳我的產品賣點「只融在口，不融在手」，替我傳 Dove 就是 Do you love me 縮寫的故事。

第三，傳播信號的資源要足夠強。要有壓倒性的運營投入和媒體投放，要「把水燒開」。《孫子兵法》的精髓就是壓倒性的投入。它不是以少勝多之法，而是以多勝少之法；不是以弱勝強之法，而是以強勝弱之法；不是戰勝之法，而是先勝之法。只有這樣的勝利，才毫無懸念。

投入一億、兩億元不是浪費，半途而廢才最浪費。我們假設，在開拓新市場的時候，你投入了一億元做廣告，但市場反應不夠熱烈，於是你放棄了。這樣一來，你前面的投資就都浪費了。如果你再投入一 億元，局面可能會就此打開，那麼這兩億元投入就很值得。在行銷中，最可惜的是半途而廢。就像燒水一樣，每次都只燒到攝氏八十度就放棄，結果永遠也燒不開，還浪費燃料。要想徹底打開市場，就要進行飽和攻擊，力度不能減弱。

從認知神經科學角度來看，在行銷中，刺激具有重要的感覺性質。消費者在選擇商品時，主要依靠視覺和聽覺，甚至是「感覺」。並不是所有的感覺都能成功的被知覺加工。許多不同的刺激在吸引消費者的注意力，但絕大部分刺激都會被不自覺的過濾掉。人們的感覺閾限各不相同，所以廣告的刺激信號必須足夠強，才能被消費者注意到。

媒介即信號。在產品品質基本相同的情況下，企業之間比拚的就是信號的強度：誰的聲音大，誰的覆蓋面廣，消費者就屬於誰。正如可口可樂之父阿薩所說：「我不知道還有什麼東西可以用來做廣告。」

關於信號強度的問題，我們看看可口可樂是怎麼做的。馬克·彭德格拉斯特（Mark Pendergrast）在他所著的《可口可樂傳》（*For God, Country, & Coca-Cola*）一書中這樣寫道：

到一九一二年，可口可樂的廣告費已經達到一百多萬美元。不管美國人往哪裡看，都不可避免的看到可口可樂的商標。一九一三年一年間，可口可樂使用了一億多件宣傳品做廣告，包括體溫計、紙板剪貼畫、金屬看板（各五萬份）、日式扇子和日曆（各一百萬份）、冷飲櫃托盤（兩百萬個）、紙板火柴盒（一千萬盒）、記事本（兩百萬本）、棒球卡（兩千五百萬張），還有數不清的紙板和金屬標識。僅在這一年分發出去的新奇廣告品，就足夠滿足從一六五〇年以來，生活在美國的所有男女老少的需求。

可口可樂已經滲透到美國人日常生活的各方面。馬被命名為可口可樂，黃石國家公園（Yellowstone National Park）的熊也喝可口可樂。到一九一四年，可口可樂公司已經擁有了近十五萬坪的廣告牆面，這足以給某位不幸的消費者帶來噩夢。正如一九〇六年一位銷售人員所說：「可口可樂看板幾乎要把人逼瘋了。」這個可憐的人會「在半夜驚醒，因為夢見紅色壁爐上，一個白色的大魔鬼在身後不停的追趕，口中還尖叫著：『可口可樂』，直到他找個地方喝下一杯。」

看完可口可樂關於信號強度的做法，我被震撼到了，要知道，那可是在一百年前。到今天為止，中國廣告行業的發展也只有四十年。行銷行業從業者不要張口閉口就是「可口可樂現在不也是這麼做的嗎」，我認為，你更應該看看一百年前的可口可樂是怎麼做品牌行銷的，看看可口可樂之父阿薩．坎德勒當年，是如何把實驗室中一個偶然出現的新產品銷售到全世界的。

當下很多企業不也正處在這樣一個階段嗎？雖然時空環境不一樣，但一個新品牌在獲得市場、贏得消費者過程中，所面臨的挑戰基本上大同小異。這也是本書中會出現多個可口可樂早期的品牌行銷案例的原因。這部分內容對我們今天的中小企業的品牌行銷，才更具有借鑑和啟發意義。國外的那些超級品牌，像可口可樂、麥當勞、星巴克、耐吉等，都歷史悠久，經過了長期的發展。如果你想向它們學習的話，我建議你學習它們的早期案例，也就是創業初期的案例，而不是今天的案例。

據媒體報導，時至今日，可口可樂每年的市場行銷費用高達四十多億美元。在我看來，透過壓倒性的廣告投入，和讓消費者建立穩固持久的古典制約（classical conditioning）[8]，正是可口可樂堅持了一百多年的核心行銷策略。當然，查理．蒙格在他的「關於現實思維的現實思考？」演講中，也流露出同樣的觀點。

8 又譯經典條件反射、巴夫洛夫制約，是一種關聯性學習。這種產生制約行為的學習型態被巴夫洛夫描述為動物對特定製約刺激的反應。最簡單的形式，是亞里斯多德（Aristotle）曾經提出的接近律，也就是當兩件事物經常同時出現時，大腦對其中一件事物的記憶會附帶另外一件事物。

品牌是錢堆出來的，貴，才有效

信號一定要貴，否則信號是無效的。為什麼說信號越貴越好？貴本身就是信號。信號要貴主要是指兩方面：一個是信號的發射媒介要貴，一個是商品的價格要貴。

媒介即信號，價格即信號。例如，很多企業不惜重金，在電視臺黃金時間投放廣告，不僅是為了達到宣傳目的，也是為了顯示自己的實力，與那些沒有實力的廠商區分開。透過「貴」來發射信號的做法，遍布商業活動的每個角落。

比如，柏布森（BOBSON）在一段時間內為了搶占市場，將價格從七百九十九元和八百九十九元，調降到四百九十九元和五百九十九元來跟優衣庫（UNIQLO）競爭，結果量價雙殺，利潤不斷下滑。當二〇一八年柏布森把價格調高到一千五百九十九元時，當年雙十一的銷售額就高達七．四億元，漲幅為一〇〇％；雙十二的銷售額為五．一億元，漲幅為二七九％；股價從港幣四十四億元[9]漲到一百四十四億元。

信號越貴，品牌就越容易獲得信任。從經濟學角度看，廣告是企業為了解決資訊不對稱問題，而給顧客發送的信號，因此，信號必須足夠貴。如果信號不夠貴，則無效。也就是說，企業在行銷過程中，付出的沉沒成本[10]越高，信號的價值越大，就越容易獲得消費者的信任。

一般商家都在精打細算，極力避免付出不必要的沉沒成本。但高明的商家卻故意付出一些看似不必要的沉沒成本，而最終這些高昂的沉沒成本都會由消費者買單。比如，一些金融公司為了獲得信任，往往會把總部放在繁華的CBD[11]。在大多數情況下，他們不採用租的方式，而是自己購買或者自建。這能讓人相信，他們是長期主義者，打算在這裡扎根，經營五十年甚至一百年，而不會賺一票就走人。仔細觀察你就會發現，在這些大的金融公司的官網、宣傳手冊、廣告中，經常會出現他們總部的大樓。其目的就是，透過沉沒成本向潛在顧客發出信號，以便獲得信任。

9 二〇一八年港幣和新臺幣的平均匯率為一比三．八二一，故港幣四十四億元約為新臺幣一百六十八．零八億元。
10 Sunk Cost，指已經付出且不可收回的成本。
11 Central Business District，指中心商業區。

在廣告投放過程中，要首選貴的媒體；在選擇代言人時，也要首選貴的。**創意再大，也大不過廣告位，媒介越貴，發射出的信號就越強**；選擇代言人，也要選貴的一線明星；參加展覽會等也要參加費用高的。

比如中國雍禾植髮攜手騰訊NBA（美國職業籃球聯賽），透過贊助頂級籃球賽事NBA，進而在觀眾腦海中建立起植髮行業頂級品牌的認知。正是因為NBA足夠頂級、贊助門檻足夠高、費用足夠貴，雍禾植髮的品牌認知才能達到這樣的頂級聯想效果。

再加上雍禾數十年如一日專注於植髮行業（據悉目前已成為該行業營收和規模最大的品牌），正如其廣告語「專業植髮找雍禾，雍禾植髮」，而NBA毫無疑問是籃球行業裡最專業的賽事，兩者在專業度上也能進行很好的匹配和品牌嫁接。就像球迷調侃的那樣：「專業球賽看NBA，專業植髮找雍禾」。NBA這三個字不僅是超級流量保證，也成為雍禾植髮「傳播媒介和廣告」的一部分，也就是前面所說的媒介即信號、媒介即廣告。

從一定程度上來說，**品牌是用錢堆出來的**。怎樣把錢用好，把支出變成投資，把花的每一分錢都能形成品牌資產，實現花一次錢、吃一輩子「利息」，這是個技術活，**不是每個企業家都有這種眼界和能力**。比如茅台，一個巴拿馬萬國博覽會（Panama-Pacific International Exposition）金獎，就形成了其超越百年的超級品牌資產。這就是花一次錢，吃一輩子利息的經典案例。至於如何把支出變成投資，如何進行品牌資產建設，我在後面的章節中會講到。

貴的背後，是優勝劣汰、適者生存。價格是最好的信號。價格越貴，代表產品品質越好。

一般情況下，雖然貴的東西不一定是最好的，但好東西肯定是貴的。透過貴這一信號，商家有效的降低了消費者的選擇成本。**當消費者不知道該如何選擇時，貴就是信號**。貴能幫消費者把選擇成本降到最低，從而快速做出選擇。消費者看到貴到可以接受的價格時，心中的想法一定是：一分價錢一分貨，貴有貴的道理。

有一次，我去樓下超市買醬油，當不知道該怎麼選擇時，我就拿了貨架上價格最貴的那種。這背後的道理是什麼呢？**消費者往往用看似理性的分析，來為他的感性選擇提供決策依據，以便得出自己是理性購買者的結論**。根據專家的研究，人們的購買行為八五％都是由潛意識決定，而剩下一五％的理性，往往是用來論證感性決定的正確性的。

當你走在賣場貨架間，看到同類商品中最貴的那種品牌仍在熱銷時，你會明白，這種貴是有道理的，並不是企業的一廂情願。這種貴，是物競天擇的結果，是消費者對品牌價值的認可，是物有所值的貴。

神奇的數字：7±2

阿爾伯特・愛因斯坦（Albert Einstein）說：「凡事都應當盡可能的簡單，而不是較為簡單。」我所說的「簡單」，主要包含兩層意思：一個是字數要盡可能的少，另一個是理解的門檻要足夠低。

字數要少，最好少到七加減二。消費者都是健忘的，一般消費者很難記住十個字以上的廣告語。為此，科學家和心理學家曾做過大量的研究，其中最著名的當屬喬治・阿米蒂奇・米勒（George Armitage Miller）。

一九五六年，身兼美國心理學學會會長和哈佛大學心理學系主任的米勒，透過實驗得出了「神奇的數字：7±2的祕密」這個公式，他認為人的短期記憶廣度，大約為七個單位（阿拉伯數字、字母、單字或其他單位），即一個組塊。這也就是我們的手機開機密碼、郵遞區號、電話號碼、銀行卡密碼、簡訊驗證碼等為什麼都是七位數左右的原因，如果數字太多，我們就很難記住。

在廣告語中，照樣適用七加減二記憶法。像怕上火，喝王老吉、累了困了，喝紅牛、專業植髮找雍禾等，大都為七個字左右。只有足夠簡單，消費者才能記住你、選擇你、替你傳。

門檻要低，低到不用動腦筋。只有這樣，消費者才能記得住、傳得開。像人頭馬一開，好事自然來；百度一下，你就知道；經常用腦，多喝六個核桃。這些廣告語都非常好，它們既是廣告語，也是選擇理由，更巧的是，它們還把品牌名放了進去，可謂一舉三得。

我們在進行品牌命名、廣告創作時，要遵循這個基本原理：**就低不就高**，**越通俗越好**，**越口語越好**。因為我們做的是大眾傳播，所以必須從集體潛意識出發，從傳播成本出發。

有的企業老闆就是喜歡所謂高級的東西，那就隨他們去吧。越是高級的東西，理解的門檻就越高，能記住的人就越少，能帶動的購買量就越小，也就註定只能成為小眾品牌。

就低不就高，理解門檻越低越好

信號損耗要盡可能小。我們所有的傳播策略，都要基於資訊的損耗來設計，大到在全國的廣告轟炸，小到地推[12]時用的宣傳頁。

信號損耗要小指的是，在資訊傳播過程中，要將損耗減到最小。比如，我們發送的資訊是100，消費者接收的資訊可能只有10，甚至是1。為什麼會這樣？主因有二：

第一，傳播內容的設計有問題。

有個朋友問我：「王老師，我每天上下班過馬路等紅綠燈時，都會看見○○金融在某十字路口的大LED螢幕上投放的廣告（見左頁圖19），我看了快一個月了，還是沒看懂這個廣告是什麼意思。」

這家公司估計還會為自己有格調的廣告沾沾自喜：「你看我這廣告多有格調，沒有一定的知識量，你根本看不懂。」這就是典型的自嗨型廣告投放，陷在自己的思維盲區裡不能自拔。

我們在**創作廣告的時候，一定要「就低不就高」，理解門檻越低越好**。

在全球的任何一個角落，只要遠遠的看見某個建築物上有十字架，你就知道那是一座教堂。又在世界上任何一個角落，只要麥當勞的M形標誌一出現，就會瞬間被人們識別。阿里巴巴這個名字的發音，在全球都一樣。這樣一來，其資訊損耗就非常低。

第二，消費者看到的都是資訊碎片。

當消費者看到的都是資訊碎片時，資訊的損耗最大。以分眾傳媒[13]投放的那些三十秒電

12 地面推廣、線下推廣。

13 中國電梯媒體廣告公司。

▲**圖19** 大螢幕上的某個金融 App 廣告，讓人不知所以然。

梯廣告為例，很多人在等電梯時，可能連五秒都看不了，連廣告屬於哪個品牌都還沒了解就匆匆離開了。再比如，很多人看網路影片的時候，只要廣告一出來，就會點擊關閉或者暫時離開。解決這個問題的方法，就是我前面提到的品牌超級碎片。

記住我、選擇我、替我傳

- 把該放大的資訊（產品賣點、品牌標誌、字型大小等）放到最大，這樣信號能量才最強。
- 信號越貴，品牌就越容易獲得信任。
- 當消費者不知道該如何選擇時，貴就是信號。
- 凡事都應當盡可能的簡單，而不是較為簡單。
- 廣告要「就低不就高」，理解門檻越低越好。

03 不斷重複、刺激，魔性洗腦

「感覺雍禾植髮很專業，但到底哪裡專業，我也說不上來。」在針對雍禾植髮的「髮友」（消費者）的調查研究中，我多次聽到類似的說法。

我很納悶，消費者對雍禾植髮的專業的認知，是怎麼建立起來的？誠如文豪威廉・莎士比亞（William Shakespeare）所說：「一千個人的眼中有一千個哈姆雷特」。如果對一千個髮友進行訪談，那麼他們對雍禾植髮的專業認知也有一千種。從品牌行銷的角度來看，我覺得專業兩字的建立，或許和他每年投放的大量廣告密不可分。

如果你生活在中國一線城市，那麼你對印有「專業植髮找雍禾，雍禾植髮」的公車車身廣告不會陌生。據悉，光在瀋陽，雍禾植髮每年會在近一千輛公車車身上投放廣告。這些穿梭於城市大街小巷的公車，三百六十五天不間斷的在向路人表明，專業植髮找雍禾。

除此之外，它還在高鐵、地鐵、大樓等媒體上投放了大規模的廣告，廣告語無一例外都是「專業植髮找雍禾」這七個字。

這就是曝光效應所爆發的驚人魔力。雍禾植髮在鋪天蓋地的這一廣告語的飽和攻擊下，將專業的資訊植入受眾大腦的潛意識中。最終的結果就是，一提起它，人們大腦中首先浮現的就是專業兩字。當然，這背後的策略就是：重複！

重複、重複，再重複

只有不斷的重複刺激消費者，品牌才能和消費者建立持續的條件反射。而那些能夠屹立百年而不倒的知名品牌，都是透過持續刺激消費者，而最終成為時間和人類的朋友。就像可口可樂，提起紅色，人們首先想到的就是可口可樂，這一條件反射的形成，得益於可口可樂每年投入數百億元的行銷費用，所創造的重複刺激。

比如，透過數十年如一日的用「今年過節不收禮，收禮只收腦白金」這句廣告語重複刺激受眾，中國保健品牌腦白金成了行業第一品牌；透過幾十年的宣傳，獲得巴拿馬金獎這項榮譽，成了茅台的重要品牌資產；花了幾十億元的行銷費用，飲料商加多寶集團以「怕上火，喝王老吉」深入人心，成為涼茶界的老大；透過數年不斷重複「專業植髮找雍禾」廣告語，雍禾植髮成長為植髮行業規模最大的第一品牌。

是否採用重複手段和企業所處的階段、行銷費用的多寡沒有直接關係，而和企業領導者是否具有高屋建瓴[14]的行銷思維直接相關。賈伯斯就是行銷高手，他每次出現在鏡頭前、聚光燈下，都是穿一件黑色高領毛衣和一條牛仔褲，這樣做的目的，是透過重複降低受眾的認知成本。在中國有兩家企業學到了賈伯斯行銷手段的精髓，一個是江湖人稱「雷布斯」的雷軍所創辦的小米，另一個是在全球擁有四千八百多家專賣店的寢具品牌慕思（DeRUCCI）。

二〇一一年，改變世界的賈伯斯離世，成為大眾討論的焦點話題。一方面，人們認為，賈伯斯的離開將使蘋果失去靈魂；另一方面，人們關心，中國科技企業中一些有抱負的企業家，誰會成為賈伯斯精神的「繼承人」。

14 指對事物把握全面，了解透徹。

在二〇一一年八月十六日小米手機的發表會上，創辦人雷軍身穿黑色T恤和藍色牛仔褲的激情演講，讓其一戰成名。發表會後，雷軍毫無意外的獲得了「雷布斯」的稱號，對此稱號，雷軍也幾乎默認了。雷軍當時那身裝扮，在他後來的一系列發表會上成為慣例。

雷軍透過全方位、立體化的宣傳，強化了「中國版的賈伯斯」這一戰略定位，為剛剛誕生的小米手機贏得了巨大的關注量。

在視覺方面，雷軍透過一張張和賈伯斯造型相似的照片，不斷強化雷布斯這一個人品牌定位；在發表會上，無論是穿著、言語、發表會的設置，還是雷軍演講的動作，都在極力「賈伯斯化」；在產品上，建立小米手機是「中國最富蘋果氣質的手機」的產品定位；在媒體宣傳上，如果你搜尋「雷軍賈伯斯」，會看到多家媒體對兩人的比較解讀，這些都在強化雷軍是中國版賈伯斯這一品牌形象。

經由這一系列，雷布斯這個定位成功的建立起來了，以至於雷軍在開發表會時，場下的粉絲都會高呼雷布斯。對當時剛上市的小米公司來說，這無疑節省了巨大的廣告宣傳費用。

慕思比小米高明的地方是，它透過擦邊球的方式，將賈伯斯運營成企業的核心品牌資產。經常去中國機場的朋友可能會對一個身穿白襯衫、手拿菸斗、和賈伯斯很像的老爺爺的照片比較熟悉。你可能一下子想不起來這家企業品牌的名字，但你對這張照片一定有印象。它數十年如一日的立在哪裡，只要你經常去機場，想記不住都難。在中國這麼多的床墊企業中，慕思是做得最成功的品牌。它的成功，主要緣於它對賈伯斯這張照片的持續重複（圖見 QR Code）。

在「重複」方面做得最好的，當屬生產 Pocky 巧克力棒的格力高（Glico）這個品牌。從一九三五年開始，跑跑人的看板就一直立在大阪道頓堀，廣告中一個帥氣的運動員張開雙臂，向著美好生活盡情奔去。這一廣告重複了八十多年，成了大阪的地標、打卡聖地。

在二〇〇三年，該看板被認定為「大阪市指定景觀形成物」，成為大阪的著名景點，可以說是城市的代名詞。大家想想，歷經八十多年的風吹雨打，該企業的領導者已經換過好幾輪了，但該企業對品牌重複這一精髓的理解和堅持一直未曾改變。這一點值得我們學習。

記住我、選擇我、替我傳

◆ 品牌要不斷重複、刺激消費者，才能建立持續的條件反射。

第三章

記憶，從眼睛進去腦子出來

我們之所以對某些品牌、某些人一見如故，是因為在我們的大腦深處，早已有我們對這些品牌、這些人的資料庫，只是在你看見、聽見的那一瞬間被解碼和理解了。

01 「隱形的國王」測試，你看到了什麼？

為什麼會有一見鍾情的現象？這涉及一個非常重要的生理學原理。我們先來做個小測試，在圖20中，你看到了什麼？

我還不認識字的女兒說：「爸爸，我看到一個黑圈和白圈。」我六歲的兒子說：「爸爸，我看到一個黑圈和一個『玉』字」。

我提示兒子：「發揮想像力，再看看還有沒有。」兒子看了一會兒又說：「還有個王字。」

我向兩個孩子解釋道：「你們看是不是還有個『国』字。」兒子哈哈大笑著說：「爸爸，那我一共看見了三個字：玉、王、国。」

▲圖20　「隱形的國王」測試，你看到了什麼？

這就是「隱形的國王」的故事。那麼問題來了，「國王」這兩個字真的存在嗎？為什麼有的人能看見，有的人卻看不見？這個問題其實關乎人們的眼睛是如何看見的。這也是困擾人類幾千年的問題，直到大衛．休伯爾和托斯坦．威澤爾的出現。他們無意間用電極，在貓的大腦中找到了答案，而這一看似簡單卻具有劃時代意義的研究成果，為他們贏得了一九八一年的諾貝爾生醫獎。

他們的研究成果可以總結為一句話：**看見是大腦解釋的過程**。腦細胞並不像視網膜細胞，會對某個特定點的光信號而興奮，它們的工作方式是：在同時接收到一組視網膜細胞傳來的光信號後，對這些訊息進行處理和整合，然後將它們理解成一個有意義的圖案。

在「隱形的國王」這個圖像中，大腦會根據它已了解的資訊，對我們看到的圖像做出解釋。於是，我們會認為有国字、王字和玉字的存在。

但是，我三歲的女兒根本不認識這三個字，所以，這三個字對她來說相當於不存在（因為現階段她的大腦無法自主解釋）。因此，看見是一個大腦解釋的過

1 「国」為「國」的簡體字。

程，而記住和看見的生理學原理，非常類似。同理，我們之所以會對某些品牌、某些人有一見如故的感情，其原理和我們今天的人臉識別技術一樣，背後都是演算法。不過人類用的是人腦演算法，電腦用的是機器演算法。無論哪種演算法，都只是對腦海中已經存在的資訊編碼的啟動和解碼。

最高效的記憶方式，就是把新事物關聯到人們已經記住的事物上，也就是將品牌信號，和消費者大腦中已經存在的超級信號原型進行關聯。我們在設置自己的手機密碼、銀行交易密碼、電腦登錄密碼等一些常用密碼時，都是將密碼設置成自己本來已經記住的東西，而不是另外創建一個全新的。我們之所以對某些品牌、某些人一見如故，是因為在我們的大腦深處，早已有我們對這些品牌、這些人的資料庫，只是在你看見、聽見的那一瞬間被解碼和理解了。

記住我、選擇我、替我傳

◆ 最高效的記憶方式，就是把新事物關聯到人們已經記住的事物上。

02 要格調，還是要效果

前文我們提到，信號能量一定要強。但讓人惋惜的是，很多企業在品牌行銷中都在犯如此低級的錯誤。

二〇二〇年的一天，我開車等紅綠燈時，看到一個公車網站的廣告。我問坐在車裡的朋友：「你能一眼看出這是哪個企業的廣告嗎？」朋友說：「應該是客運公司的公車廣告。」我說：「你再仔細看一下。」過了幾秒鐘，他說：「這應該是〇〇的廣告」。原來，在那個廣告的最下面，有一個小小的品牌 Logo。

我說：「這就是為什麼我平時總告誡你們，Logo 一**定要放大再放大**。」

如果我們不是品牌行銷行業的從業者，且是因為等紅燈正好停在廣告旁邊，恐怕很難留意到是哪家公司的廣告。對大多數忙碌的人來說，這樣的街頭廣告，必須在一瞬間給他們留下印象，至少應該讓他們知道是哪個品牌的廣告。眼前這個廣告的費用，基本上白花了。

這也是當下很多企業的認知誤區，以為 Logo 設計得小巧、精緻才顯得有格調。對初創企業來說，這更是通病。以我認識的一家初創企業為例。初創企業更應該勤儉節約，把每一分錢都掰成兩半花。他們雖然努力拿下了一個很好的廣告位，卻只印了一個「dooot」（見圖21）。我想，應該很少人知道，這幾個字母是什麼意思。其實他是一家賣運動用品的公司。要知道，同樣作為運動品牌，耐吉是在經過二十多年的消費者教育後，才把 NIKE 一詞從那個勾勾上拿掉的。

常言道，你很難叫醒一個裝睡

▲**圖21**　某運動用品公司的廣告，無法清楚辨識是哪個品牌的廣告。

的人。我們也很難說服一個沒有信號思維，卻又不懂裝懂的企業領導者。如果不信，你可以去看一下街頭廣告。只要稍加留心，你就會發現，八〇%以上的廣告都值得重新做一遍。

超級信號放大術是要把信號能量放到最大，如品牌方發送的是一，消費者接收到的是一百，這等於直接把廣告效果放大了一百倍。但很多時候，一些品牌的做法卻把信號能量縮小了，如品牌方發送的是一，消費者接受到的卻只有〇．〇一，等於直接把廣告效果縮小了九九%。

記住我、選擇我、替我傳

◆ Logo不是設計得小巧、精緻才是有格調，對初創企業來說，Logo一定要放大再放大。

03 你想賣，別人不一定想買——賣給誰

我們的品牌資訊是要方便消費者記憶，而不是方便企業老闆自己記憶。很多朋友一定有過這樣的體驗，有時候我們努力想記住一個東西，但就是記不住，我們越想記住，就越記不住。

我家社區前的馬路對面有一家西北菜[2]飯館，我在這家飯館吃過無數次飯，但就是記不住它的名字。可想而知，這家飯館的名字取得有多失敗。

品牌知名度包括兩個層面：一是認得，一是記得。這家飯館的名字僅實現了第一個層面。「認得」指的是，當品牌廣告再次出現，或消費者到賣場時能夠認出該品牌，這能有效降低選擇成本。

有一次，我想在外送點餐 App 上點這家的菜，但怎麼也想不起店名。只有當我在外賣點餐 App 上搜尋「附近商家」時，這家店的名字才會冒出來，我才能識別並進行點餐。

「記得」，說明你的品牌已經進入了消費者的潛意識和意識，當消費者有需求時，就會想起你，主動發起購買行為。很多企業老闆到現在都沒搞明白，品牌資訊應該方便消費者記，而不僅僅是方便自己和員工記。

對企業管理者和員工來說，商品是一個個豐富的、立體的、有血有肉的存在，是熟悉得不能再熟悉的存在。但消費者只能透過你的廣告去認識、記住品牌資訊。所以，我們在進行超級信號編碼的時候，一定要**從消費者視角出發**，去挖掘那些具有廣泛群眾基礎的超級信號原型，將我們的品牌或者廣告語嫁接在它們上面。但現實情況是，消費者往往只記住了一些品牌的廣告語，但沒有記住品牌本身。

---

2 泛指中國西北地區的菜系，大致包括甘肅、寧夏、青海、新疆等地方風味，而以甘肅菜具有代表性。

記住我、選擇我、替我傳

- 品牌資訊是要方便消費者記憶，而不是方便企業老闆自己記憶。
- 品牌知名度包括兩個層面：一是認得，一是記得。
- 進行超級信號編碼時，要從消費者視角出發。

第二篇

選擇我

第四章

產品這麼多，為什麼要「選擇我」

消費者可以記住很多品牌，但未必會選擇我。選擇我的什麼？選擇我的品牌、產品、服務等能給我帶來收益的事。

01 解決消費者的痛點，滿足欲望

消費者為什麼一定要做能給我帶來收益的事情？當然是因為我的品牌、產品和服務能夠滿足他們的需求，讓他們感到難以拒絕。

二〇二〇年十月三十一日，分眾傳媒董事長江南春在中國企業家私人董事會年會上說：「要想讓消費者選擇你，你要先回答消費者心中的一個問題——選擇你而不選擇競爭對手的理由到底是什麼？」

江南春所說的選擇理由，就是我說的超級選擇理由。超級選擇理由的背後是什麼？我認為是品牌能夠滿足用戶的需求。怎樣才能滿足用戶需求？品牌方要思考，用戶在什麼樣的場景下會使用你的產品，使用者最關心的問題是什麼？

以達美樂披薩（Domino's Pizza）為例，大家覺得它是在為用戶解決什麼問題？很多朋友會說：美味、食材讓人放心、有品質、配送速度快等。

這些答案都有一定的道理。但達美樂的團隊經過多次調查研究後發現，以上這些問題都不是用戶關心的核心問題，用戶關心的核心問題是確定性。

大家想一下，上班族中午點外送時，最關心的問題是什麼？準時！比如，我想十二點十分吃飯，那麼我並不關心商家需要五十分鐘還是五分鐘才能送達，我唯一關心的是，商家能否準時送達。如果配送需要三十分鐘，那麼我們可以十一點四十分下單，如果配送需要五十分鐘，那麼我們可以十一點二十分下單。就這麼簡單，我們要的是確定性。

在搞清楚這個問題後，達美樂就找到了讓用戶選擇它的超級選擇理由——「三十分鐘必達，超時送免費披薩券。」結果，這句廣告語投放市場後非常成功，直接帶來了業績的高速增長。

超級選擇理由的背後，是一個環環相扣的系統工程，涉及戰略定位、傳播學、修辭學、符號學、語言學、生理學、心理學、經濟學、認知神經科學等眾多學科的知識。

看起來挺難的，但你只要讀透了本書就會發現，這些知識都是相通的，所有的事情都是一件事，所有的學問都是心理學。也就是我說的：品牌是道，道在人心，道法自然。

這也是**品牌行銷的三個階段：見山是山，見山不是山，見山還是山**。

當你經歷這三個階段後，會對超級購買理由這個問題有更加系統而深入的認知。當你再看到類似：怕上火，喝王老吉；今年過節不收禮，收禮只收腦白金，這種似乎沒有任何創意的廣告語後，就能領悟其中蘊含的品牌戰略行銷智慧了。你也將明白，為什麼那些似乎沒有任何創意的廣告，能夠帶來更高的銷量，而那些看似很有創意的廣告，卻極其短命。

記住我、選擇我、替我傳

- 要想讓消費者選擇你，你得先給消費者一個超級選擇理由。
- 怎樣才能滿足用戶需求？想一想，用戶在什麼樣的場景下會使用你的產品，使用者最關心的問題是什麼？

02 你想賣糖水，還是改變全世界？

一九八三年，蘋果創辦人賈伯斯來到以行銷見長、時任百事可樂CEO的約翰·史考利（John Sculley）的辦公室，告訴他一句被後人傳頌至今的話：「你是想賣一輩子的糖水，還是改變世界？」

當年的賈伯斯就是如此狂妄，如此具有雄心壯志，如此語出驚人。史考利後來回憶道：「顯然，誰能拒絕改變世界呢？」於是他加入了蘋果公司，出任CEO，開始和賈伯斯並肩戰鬥。這就是透過給出別人無法拒絕的選擇理由，來完成「成交」的典型案例。

二〇〇一年iPod問世時，它只用了「將一千首歌裝進你的口袋」這一句廣告，就開創了一個時代，徹底重塑了人們對可攜式播放器的認知。

二〇〇七年，賈伯斯在Macworld大會上又拋出了金句：「**蘋果重新發明了電話**（Apple has reinvented the mobile phone）。」

高手是用一句話就能創造一個時代的人。前面這三句話，徹底改變了賈伯斯和蘋果的命運，甚至改變了史考利的命運。在根據真實事件改編的電影《速食遊戲》中，克洛克為了得到他夢寐以求的麥當勞，遞給麥當勞兄弟一張空白支票，要他們任意寫下一個數字。正是因為麥當勞兄弟接受了這個無法拒絕的選擇理由，麥當勞才迎來了高速發展期，時至今日，麥當勞在全球已經開了三萬多家連鎖店。

我們再來看看中國的案例。

在三聚氰胺事件[1]中倖存下來的奶粉品牌飛鶴奶粉，透過「更適合中國寶寶體質」這句廣告語，給了許多母親無法拒絕的選擇理由。這句話的言外之意是，一方水土養一方人，和進口奶粉比起來，只有飛鶴奶粉最適合中國寶寶的體質。確定了這個無法拒絕的選擇理由後，飛鶴奶粉集全公司之力，坐實了這句話，又在央視和分眾傳媒等平臺上投放章子怡的代言廣告，對消費者進行常年的輪番轟炸。飛鶴奶粉的銷量從此開始迅速飆升，一躍成為國產高端奶粉第一名，市值超過百億元。

大家想一想，你的產品的哪些價值，可以被提煉成一個消費者無法拒絕的選擇理由，或者當你在向別人推銷自己產品時，有什麼可以成為別人無法拒絕的選擇理由。

記住我、選擇我、替我傳

◆ 你的產品的哪些價值，可以被提煉成一個消費者無法拒絕的選擇理由？當你在向別人推銷自己產品時，有什麼可以成為別人無法拒絕的選擇理由？

1 發生於二〇〇八年中國奶製品汙染事件，事件起因是很多食用三鹿集團奶粉的嬰兒，被發現患有腎結石，隨後在其奶粉中被發現化工原料三聚氰胺和三聚氰酸。

03 刺激五感，業績馬上有感

如何讓消費者對你的商品上癮？答案很簡單，就是在你的品牌和顧客之間建立穩定的條件刺激反射，而打造品牌超級信號就是方法之一。

創建超級品牌的方法就是，透過持續的信號刺激，讓消費者建立穩定的條件反射，使你的品牌成為消費者無法拒絕的選擇。

以可口可樂為例。相較於百事可樂，可口可樂已經成為全球消費者無法拒絕的第一選擇，以至於可口可樂推出「新可樂」[2]後，並不被消費者所認可，又不得不變回之前的口味。可口可樂穩定的條件刺激反射，來自每年數百億元的廣告投入和行銷刺激。

就像查理．蒙格說的：「本質上，我們要做的生意就是創造和維持條件反射。可口可樂的商標名稱和形象將扮演刺激因素的角色，購買和喝下我們的飲料則是我們想要的反射。」

看到這，你應該已經明白，為什麼那些知名的國際品牌，會數十年如一日的進行壓倒性的廣告投放。如寶僑（Procter & Gamble，簡稱P&G）等巨頭，每年的行銷費用都在千億元以上，其目的就是為了讓人們建立穩定的條件刺激反射，持續成為人們購買時的首選，不管是有意識的購買行為，還是潛意識的購買行為。

要搞明白品牌行銷這件事，就要從底層邏輯進行深挖。一切品牌行銷活動，都不要浮在表面或跟風，而要圍繞最終目標展開。

品牌行銷的最終目標是誰（什麼）？有人說是顧客，不完全對。準確的說，是人類大腦中的神經元。神經元之間是透過電信號來傳遞訊息的，而這些訊息通常來自我們的「五感」（視覺、聽覺、嗅覺、味覺、觸覺），對外界的條件刺激反射。所以，一切品牌行銷的基礎，是信號和超級信號系統（視覺、聽覺、嗅

2 在一九八〇年代前期，可口可樂的市場占有率遭到了百事可樂的追趕，因此可口可樂決定開發新配方來應對。可口可樂的新配方聲稱味道更接近百事可樂。但新配方上市之後差評如潮，因此很快就將配方改回原有配方。

覺、味覺、觸覺等信號系統）。這本書正是從根本上來研究品牌行銷和人的兩套信號系統，以及刺激反射（非條件刺激反射和經典條件刺激反射）之間的關係，而且很多內容是以科學實驗資料為基礎的。

當我們把這些底層邏輯搞明白後，很多困擾行銷的難題就會找到最佳解。

記住我、選擇我、替我傳

- 創造和維持穩定的條件刺激反射，讓消費者對你的商品上癮。
- 一切品牌行銷活動，都要圍繞最終目標——人類大腦神經元展開。

04 一句入魂的傳達力

很多人可能會有疑問，僅憑一句話就能引爆業績指數級增長嗎？答案是肯定的。能否引爆增長的關鍵在於你是否能找到超級信號。同樣的柳丁，當它被叫做「雲冠橙」時，銷量慘澹、無人問津，當它改名為「褚橙」時，就一夜成名、紅遍網路，短短五天時間，幾十萬噸的柳丁就銷售一空（見第兩百六十二頁）。

一款名叫 Tickle 的軟體在剛推出時，廣告語是「線上**儲存**你的照片」。軟體上線後，市場反應非常冷淡。創辦人柯里爾（James Currier）反覆琢磨後，覺得這個刺激信號有問題，不能和用戶建立起刺激反射。使用者沒有向身邊人推薦這款軟體的主要原因是，他們不認為一個線上相片儲存空間有什麼值得推薦的。

於是，柯里爾把廣告語改成了「線上**分享**你的照片」，之後，神奇的化學反應發生了。在同樣的傳播資源下，一夜之間，人們開始瘋狂上傳和分享自己的照片，僅僅六個月時間，Tickle 就增加了五千三百萬用戶。只是改了一個詞（將儲存改為分享），新的廣告語就徹底改變了用戶的心智，改變了使用者對產品功能及其使用方法的認知。這就是替我傳所爆發出來的巨大威力。

這次不經意的成功，不僅讓柯里爾的團隊感受到修辭學的巨大威力，更讓整個團隊信心倍增。它們想把這種修辭學用到更多的產品上，以驅動高速增長。很快，這個團隊就把修辭學用在了他們的「一塊約會」App 上。

這款 App 原來的廣告語是「尋找約會對象」，廣告投放一段時間後，並沒有造成多大影響。於是他們對廣告語進行了腦力激盪。和上次不同的是，這次他們從產品的戰略定位高度來思考廣告語的創作，以求獲得高速增長。在他們看來，這款 App 不僅能幫助使用者找對象，還能成為用戶利用自己的私域流量[3]，來為親朋好友牽線搭橋的社交平臺。於是，他們把廣告語改成了「幫助他人尋找約會對象」。結果，神奇的化學反應又發生了。新的廣告語投放市場後，僅用了八個月時間，就增加了兩千九百萬用戶。

廣告語是增長的起點。僅僅改變幾個字，就能產生如此重大的影響。如果你對此還有懷疑，那就證明在以往的成功經驗中，你肯定沒有嘗過四兩撥千斤的甜頭，肯定沒有體驗過修辭學的威力。

羅永浩當年推出的堅果手機，為什麼會成為他在手機行業的巔峰之作？「漂亮得不像實力派」這句廣告語功不可沒。正是這句廣告語成就了這款手機，而且成為繼賈伯斯的「蘋果重新發明了手機」之後，流傳最廣的一句廣告語。

據說在接受高人指點之前，羅永浩的團隊前前後後想了半年時間，開了無數場腦力激盪會議，也只有想到「漂亮的實力派」一句。很多時候，能否引爆增長往往只在毫釐之間。「不像」這兩個字就是這句話的引爆點，為這句廣告語瞬間注入了巨大的資訊能量，取得了一大於一百的效果。

對於這一點，我深有體會。在為百度地圖創作品牌形象微電影之初，我們為它取的名字是《在路上》，但我總覺得信號強度不夠。在微電影臨上線前，我毅然將其名字，改成了《別讓愛你的人等太久》，結果它很快就紅了，並成為當年的現象級[4]影片。這句話，後來掀起一股潮流，第二年，三十五集的《別讓愛你的人等太久》同名電視劇開播。

3 Private Traffic，指品牌或個人自主擁有的、可以自由控制的、免費的、多次利用的流量。
4 由英文 phenomenal 直譯過來，意思是指卓越的，一般是形容超級優秀的人或事件。

記住我、選擇我、替我傳

◆ 廣告語是增長的起點。能否引爆增長的關鍵在於，你是否能找到超級信號。

第五章

選擇背後的科學

人生的選擇雖然很多，但關鍵的往往只有幾個。所以人們經常說，選擇比努力重要。

01 難倒諾貝爾獎得主的選擇題

全球第一個獲得諾貝爾經濟學獎的心理學家丹尼爾．康納曼（Daniel Kahneman），一生都在研究選擇問題。根據他的研究成果寫的《快思慢想》（*Thinking, Fast and Slow*）一書，在過去的十年中，以穩定的速度持續銷售著。這本書，我反覆看了幾遍。圖22就出現在康納曼的這本書中。

假設你買了房子，其中一間是一．五坪的小書房。此刻，你正在打量這兩張桌子：哪張放在書房更合適？

如果你把這張圖發給朋友徵求意見，他

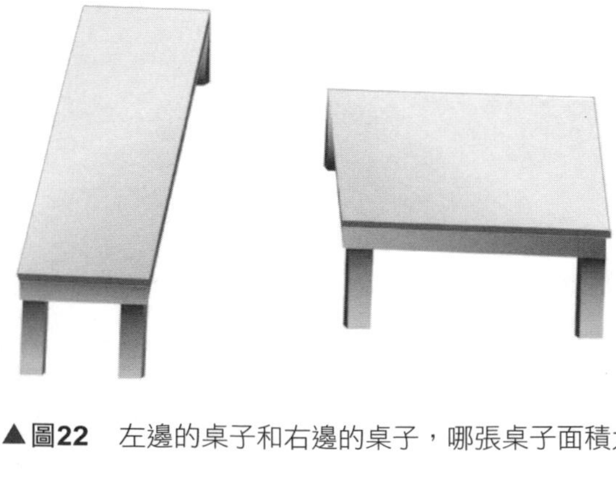

▲**圖22**　左邊的桌子和右邊的桌子，哪張桌子面積大？

們大部分人會選擇左邊桌子：左邊桌子窄一些，還有剩餘空間可以放小書櫃和椅子；右側桌子太方正，更適合放在餐廳，一家人圍坐在一起吃飯。但事實真是這樣嗎？

你不妨做個簡單的測量。你會發現，左邊桌子和右邊桌子的長寬比一模一樣，我們的眼睛經常會被這樣的錯覺欺騙。

這個測試的原型，是集心理學家和藝術家於一身的羅格．謝潑德（Roger Newland Shepard）在一九九〇年繪製的，在過去的幾十年間，這張圖成功騙過了許多人，其中不乏像二〇一七年諾貝爾經濟學獎得主理查．塞勒（Richard H. Thaler）這樣的人物。據說塞勒是康納曼的學生。康納曼和塞勒研究的是同一個主題：非理性。

在這個測試中，如果你一眼就認定左邊桌子比右邊桌子窄，那麼恭喜你，你是感性的「社會人」；如果你在下結論前，先進行嚴謹的邏輯思考，甚至還親自動手測量，然後給出兩個桌子的長寬比一樣的結論，那麼恭喜你，你是理性的「經濟人」。

消費者到底是感性還是理性

從傳統經濟學的角度來看，消費者都是理性的經濟人。經濟人在每次購物時，都想用最小的代價獲得最大的利益，也就是說，經濟人追求的是性價比。

從行為經濟學的角度來看，消費者不是純粹的經濟人，而是兼具社會人屬性。決定人們行為的不僅僅是性價比，還有許多心理因素。這種心理因素既包含理性，也包含非理性。舉例來說：

有兩個吹風機，一個是普通款的，價格是三百元；一個是戴森（dyson）品牌的，價格是三千元。從實用性方面看，兩個吹風機不可能有十倍的差距，那麼兩者到底差在什麼地方？我覺得，主要差在感性價值方面。

吹風機的受眾主要是年輕的女性，而女性用戶往往在乎面子。在複雜的心理因素作用下，用戶很多時候根本不會去考慮性價比。和她兩萬元的手提包相比，一個三千元的吹風機，根本不算貴，頂多算個輕奢品。但如果哪天閨蜜來家裡做客時，無意間發現了這款高檔吹風機並稱讚了幾句，那麼她會有強烈的自豪感和優越感。

在我看來，消費者同時兼具理性和感性，就像「薛丁格的貓」（Schrödinger's Cat）一樣，他們很多時候都處於感性和理性的疊加態。即使是理性的消費者，行銷高手也能透過廣告把他們「感性化」。比如，對很多人來說，可口可樂和百事可樂唯一的不同就是廣告。消費者明明喝不出來兩者的差別，但在廣告的作用下，他們對兩者的認知卻有巨大差別。

上述結論，有腦科學的前沿研究成果可以證明。

神經科學的研究成果顯示，情感因素會極大的影響人們的購買行為。這一結論，得益於功能性磁振造影（Functional Magnetic Resonance Imaging，簡稱fMRI）[1]技術。

功能性磁振造影技術和認知神經科學的出現，無疑將品牌行銷學向前推進了一大步，讓我們得以窺見消費者非理性一面的底層邏輯。在下一節我們將透過瑞德·蒙塔古（Read Montague）博士對經典的可樂實驗的研究成果，看看在品牌的作用下，人們的感性是如何戰勝理性的。

1 一種神經影像學技術。利用磁振造影來測量神經元活動所引發之血液動力的改變。

記住我、選擇我、替我傳

◆ 消費者既是理性的，也是感性的，他們很多時候都處於感性和理性的疊加狀態。即使是理性的消費者，也能透過廣告把他們「感性化」。

02 百事挑戰，品牌是怎麼欺騙你的舌頭

一九七五年，作為可樂市場後起之秀的百事可樂，發起了一個被稱為「百事挑戰」的超級實驗，引起了巨大的迴響。在此之後，這一實驗不斷被科學家、心理學家、認知神經科學家等複製。直到今天，百事挑戰的話題，仍會被無數的品牌行銷專家和廣告人談起。

這個實驗很簡單，成本也很低，在當下的電視廣告和街頭，經常會看到類似的實驗行銷。百事可樂公司的幾百名代表在購物中心和超市設立攤位，向前來看熱鬧的顧客，遞上兩杯沒有任何標識的可樂（其中一杯是百事可樂，另一杯是可口可樂），讓參與實驗的人品嘗後告訴工作人員，他們喜歡哪一杯。

實驗結果讓百事可樂的高層非常欣慰，因為有超過一半的參與者認為，百事可樂比可口可樂好喝。如果你是百事可樂的高層，你看到這個結果後肯定會很興

奮，照這樣下去，百事可樂超越可口可樂指日可待。

從公關上來講，百事可樂的這個活動無疑取得了巨大的成功，為品牌賺足了噱頭。但從市場結果來說，這個實驗的結論，消費者並不買帳。為什麼？

二十八年後，人類神經影像學專家瑞德．蒙塔古博士決定採用功能性磁振造影技術深入研究這一實驗結果。蒙塔古博士找來六十七名志願者，開始了他的百事挑戰之旅。

在第一階段的實驗中，他讓參與者先喝下兩杯可樂，然後詢問參與者的感受，實驗結果和二十八年前完全一致。超過半數的參與者都聲稱喜歡百事可樂，同時功能性磁振造影的結果也與實驗結論一致。

在實驗的第二階段，蒙塔古博士換了個玩法。在參與者喝下可樂之前，他提前告訴參與者喝下的是百事可樂或可口可樂。實驗結果讓博士感到出乎意料，七五％的人表示自己更喜歡可口可樂。

蒙塔古博士發現，參與者的大腦活動區域發生了變化。在實驗的第二階段，除了腹側被蓋區域（Ventral tegmental area），參與者的內側前額葉皮質（prefrontal cortex）也被啟動了，這個區域主要負責人類的深層思考和辨別能力。這個結果讓蒙塔古意識到，大腦中的這兩個區域，分別是人類理性和感性的主戰場。可口可樂廣告中的感性因素，成功的戰勝了人們對百事可樂理性的喜好，左右了人們的選擇行為。而人們對可口可樂這一感性的喜好，得益於其一百多年來不間斷的廣告信號刺激，對消費者意識和潛意識形成了持續的條件反射。

蒙塔古博士的這一實驗，從科學角度證實了品牌和人類大腦之間的關聯，引起了科學界和廣告商的廣泛關注。

習俗和迷信是怎麼影響人們的選擇

英國布里斯托大學（University of Bristol）實驗心理學教授布魯斯·胡德（Bruce Hood）做過這樣一個實驗，他拿著一件藍色毛衣，向在場的眾多科學家說，誰穿上這件毛衣，就可以獲得十英鎊[2]。幾乎所有的人都舉起手來。接著，胡德說：「這件毛衣原來的主人是一名連續殺人犯。」在聽到這句話後，很多人

2 約新臺幣三百七十二·八元，英鎊與新臺幣的匯率約為三十七·二八比一。

放下了手，願意穿這件毛衣的人寥寥無幾。隨後，當有幾名志願者穿上這件毛衣時，胡德觀察到臺下的同伴刻意避免看向臺上。儘管這時胡德向大家承認這件毛衣並不屬於殺手，但臺下人們的反應依舊。

僅僅是「毛衣曾被殺手穿過」這樣簡單的一句話，就足以使科學家的態度出現一百八十度的大轉變。胡德說：「『邪惡』本是由文化定義的一種道德立場，而現在它卻存在於一件普通的衣服裡。」

其實，不管人們理性與否，不管人們是社會人還是經濟人，他們總會有意無意的給某些物品賦予神奇的力量，比如亞洲人就非常喜歡「八」這個數字。

在亞洲文化中，八是吉祥數字，它的發音與「發」相似，象徵富有、財富、好運、吉祥。這大概也是北京二〇〇八年奧運會，選擇在二〇〇八年八月八日晚上八點八分八秒開幕的原因之一。我為現代支付公司創作的超級符號，嫁接的就是「8」這個超級原型。在新品牌亮相的第一年，現代支付公司的業績就實現了翻倍，交易量由千億級邁入了兆級。

在日本人的眼裡，經典的雀巢奇巧巧克力（KitKat）不僅是零食，更是吉祥物。雀巢公司剛發布這一新產品時，日本人就發現 KitKat 的英文發音和日語中的

Kitto-Katsu（必勝）非常相似。一夜之間，幾乎所有的學生都開始相信，如果在考試前吃上一條奇巧巧克力，就必定能考出高分。這也是奇巧巧克力在日本競爭激烈的零售市場中，名列前茅的主要原因。

為了給廣大考生加油打氣，曾有文具公司，推出「孔廟祈福」學生考試專用筆，並以「逢考必過」為宣傳賣點。據說這個產品一經推出，就創造了巨大的轟動效應，引發幾十家電臺報導，很快就賣到斷貨了。

在全球的各大品牌中都有習俗和迷信的影子，不管是企業名字，還是廣告語或行銷活動。比如，中國平安保險的「買保險，就是買平安」、陽光保險的「保險就是陽光」，以及散落在全國各地的各種「財富大廈」等，都利用了這一點。習俗和迷信每一天都在影響全世界人民的選擇行為，不管他們是理性的還是非理性的，是嚴謹的科學家，還是經濟學家眼中理性的經濟人，或者感性的社會人。

習俗和迷信的背後，是人們對美好生活的嚮往、對未來的期待，是在充滿不確定性的情況下，能觸發人們快速做出選擇的利器。品牌借助習俗和愉悅感的原力，可以瞬間獲得人們的好感，加速人們的選擇。

記住我、選擇我、替我傳

◆ 習俗和迷信的背後，是人們對美好生活的嚮往、對未來的期待，是在充滿不確定性的情況下，能觸發人們快速做出選擇的利器。

03 水要燒開，否則白忙

品牌行銷學的底層原理是傳播學，傳播學的底層原理是心理學，心理學的底層原理是生理學。難得的是，巴夫洛夫把生理學和心理學完美的結合在一起，雖然很有可能是無心之舉，卻對心理學產生了巨大而深遠的影響。

巴夫洛夫生前是個不折不扣的生理學家，他瞧不起心理學，認為意識、心靈等都是一些看不見、摸不著的東西。他認為心理學不夠科學，自己研究的領域不是心理學。在彌留之際，他唯一牽掛的就是，希望後人不要稱自己是心理學家。

但有趣的是，後人有鑑於他對心理學領域的重大貢獻，還是違背他的意願，把他供奉進了心理學家的殿堂，尊他為行為主義學派的開創者。約翰・華生（John Broadus Watson）正是在巴夫洛夫的影響下，創立了行為主義心理學。

巴夫洛夫曾說，人類的一切行為都是對信號的刺激反射行為，信號刺激越大，引起的行為反射越大。刺激反射既是品牌行銷的底層學問，也是品牌行銷的最高法門；刺激反射行為，既是生理學現象，也是心理學現象。當生理學和心理學結合在一起時，往往能引發巨大的刺激反射效應，也就是股神巴菲特的合夥人查理·蒙格說的「由多因素引發的好上加好（lollapalooza）效應」。

在實際的品牌行銷中，企業透過廣告向消費者發送信號，解決交易中資訊不對稱、信任不自傳的問題，謀求消費者的購買行為反射。

再進一步說，境界最高的品牌行銷往往追求三種反射行為：記住我（記住我的名字、樣子、價值）、選擇我（商品、品牌、服務）、替我傳（商品、品牌、服務等能給我帶來收益的事情）。

大多數成功的廣告，都包含刺激信號和行為反射這兩個核心內容：「怕上火」是刺激信號，「喝王老吉」是行動反射；「人頭馬一開」是刺激信號，「好事自然來」是行為反射。

再比如我創作的，針對加油站老闆提供貸款的廣告語「油鏈通——有站，就能貸」：油鏈通和有站是刺激信號，就能貸是行為反射。這句話能讓加油站老闆覺得，貸款是一件非常容易的事情。在寫作此書的這五年時間裡，我多次想集合腦科學家、認知神經科學家、生物學家、物理學家、數學家、心理學家、人類學家、歷史學家、語言學家、經濟學家、神話學家、哲學家等一起來研究品牌行銷學，但無奈人脈有限，專家團隊到目前都沒有組建起來。我只能透過相關跨學科的書籍進行交叉論證，盡自己所能讓行銷更科學。

廣告投放後為什麼沒效果？

廣告投放後沒效果，主要有兩個原因：一是廣告發射的刺激信號不對，二是刺激信號強度不夠。

第一，刺激信號不對。《巴夫洛夫的兩種信號學說》中講到這樣一個案例：

我們碰到這樣一個場合，一個精神病療養院中的一個女病人，對於鈴聲的作用和燈光的閃亮不能形成條件反射。這個女病人的大腦皮質活動衰微極了。我們觀測到這種情形，於是就決定盡可能尋求符合於這個女病人的刺激物。研究她的病歷後，我們產生了利用香水做條件刺激物的想法。結果條件反射形成的非常迅速。原因就如病歷上說明的，香水在這個女病人的生活中，是過去在第二信號系統活動範圍中，有積極作用的一個刺激物：一提到香水，各種香水在女病人的頭腦中與各個生活階段聯繫了起來……。

這也是很多企業在品牌行銷過程中經常出現的問題，**刺激信號沒找對**，**投入多少錢都是浪費**。如前面提到過的褚橙，當它叫雲冠橙時，就是信號沒找對，所以很難引起消費者的行為反射，銷量慘澹。在第二年上市時，它改名為褚橙，就大獲成功，短短五天時間，幾十噸柳丁很快就賣斷貨了。成功是因為找對了刺激信號「褚橙——前紅塔集團[3]董事長褚時健種的柳丁」，引發了消費者瘋狂的購買行為反射。褚橙這兩個字，就如同前面病歷中的香水。

尋找香水這個刺激信號的過程，和我們尋找品牌超級信號的過程是一樣的，都少不了戰略定位和綜合分析，也和神探福爾摩斯破案的底層邏輯一樣。再比如，分享這兩個字，就是驅動 Tickle 軟體使用者增長的超級刺激信號（見第一百三十七頁）。

第二，刺激信號強度不夠。在認知神經科學中，有個概念叫「刺激閾值」，是指引起一個行為反射所需要的最小刺激強度。

十九世紀出生於德國威登堡（Wittenberg）的生理學家恩斯特・韋伯（Ernst Weber）發現，引起人們行為反射所需要的刺激變化量與刺激強度有直接關係。刺激越強，引起的行為反射就越大。為此，他提出了一個著名的韋伯定律，公式如圖23所示。

簡單說就是，信號能量要足夠強，否則信號無效。更多內容可以結合第一篇自行理解，在這裡不再贅述。

就像雷軍說的：「燒開水時，哪怕你燒到攝氏九十九度也沒用。水唯有沸騰之後，才有推動歷史進步的力量。」在廣告投放中，要麼不做，要麼打透，把水燒開。

重要的不是你是什麼，而是消費者認為你是什麼

前面講過，一切傳播都是資訊的編碼與解碼，一切消費者行

$$\triangle\Phi/\Phi=C$$

▲**圖23**　韋伯定律公式。其中 Φ 為原刺激量，△Φ 為此時的差別閾限，C 為常數，又被稱為韋柏率。

3 中國菸草企業。

為都是信號的刺激反射行為，信號刺激越大，引發的消費者行為反射就越大。我們在挖掘超級選擇理由的過程，就是解碼消費者心智的過程，我們的超級信號編碼瞬間啟動的，就是消費者大腦中已有的認知編碼。

舉個例子，一條街上開了三家海鮮店，分別是小李海鮮餐廳、小劉海鮮餐廳、小王海鮮餐廳。

對喜歡吃海鮮的人來說，最重要的，除了價格是否合理外，就是海鮮是否新鮮。小李在店門口貼了一張海報，上面寫「本店海鮮超級新鮮」；小劉也在店門口貼了一張海報，上面寫「本店海鮮是這條街上最新鮮的」。但當你走進這兩家店時才發現，這些所謂的新鮮海鮮，只存在於菜單上的文字裡。而小王也在店門口貼了一張海報，上面寫「本店海鮮現撈現做」。且海報旁邊大大小小的玻璃缸裡，全是活蹦亂跳的各種海鮮。身為顧客，你更相信哪家店的宣傳？

「活蹦亂跳」就是大家腦海中儲存的新鮮編碼，看到眼前這些活蹦亂跳的海鮮後，這個編碼瞬間就被啟動了。很多餐廳現在也都是這樣布置的：中央廚房，透明玻璃，師傅現做、現切、現炸、現蒸。因為這些現場製作的演示，才是消費者大腦中存儲的新鮮編碼。

前面我們講到，可口可樂透過一百多年的廣告信號刺激，與消費者建立了持續穩定的條件反射，在全球贏得了眾多品牌信徒，成了粉絲的首選，甚至有很多人幾乎一輩子只喝可口可樂。

巴夫洛夫認為，人類的一切行為都是對信號的刺激反射行為。有多強的信號刺激，就能引起多大的行為反射。為此，他提出了人類兩個信號系統學說：第一信號系統是指，以現實的事物為條件刺激建立起來的條件反射；第二信號系統，即第一信號的信號，是以說出的、聽到的、看見的語詞形式表現出來的，現實的第二信號系統是人的高級神經活動特有的、最完善的、最高級的形式；第二信號系統能對現實的對象和現象進行概括反應，從而無限擴大人類在周圍世界中的定向。這構成人類特有的高級思維，這種思維首先創造了人類經驗，最後創造了科學。如果你覺得不好理解，可以參考紅燒牛肉麵的例子。

你在餐廳看到熱氣騰騰的牛肉麵，忍不住也點了一碗。這就是第一信號系統的刺激反射。你在超市看到速食麵包裝袋上的圖片，又開始吞口水並往購物籃裡放了兩袋。這就是第二信號系統的刺激反射。後來，你只要看到「牛肉麵」這幾個字，就開始吞口水。這就是第二信號系統的詞語刺激反射。

第二信號系統的刺激反射，從生理學的科學研究來說就是鏡像神經元。千萬別小看鏡像神經元，它對心理學家來說，就像DNA對生理學家一樣的重要。簡單來說，如果沒有鏡像神經元的作用，廣告在六〇%以上的情況下都是無效的。

消費者的一切選擇行為，都是對信號刺激的反射行為。從刺激源上來講，主要是對五感的刺激。在上面的例子中，餐廳的紅燒牛肉麵和速食麵的包裝都是符號刺激，菜單上「紅燒牛肉麵」這五個字是詞語刺激。

記住我、選擇我、替我傳

- 廣告投放後沒效果，主因不外：一是廣告發射的刺激信號不對，二是刺激信號強度不夠。
- 刺激信號沒找對，投入多少錢都是浪費。

第六章

讓人們「選擇我」的兩種方法

品牌行銷和廣告的底層邏輯是符號學和修辭學，符號學和修辭學可以讓人們相信你販售的任何東西，是促使人們採取行動的心理學藝術。

01 九大爆款文案修辭法，會一個就夠

兩千三百多年前，亞里斯多德首創修辭學，並為我們留下了傳世之作《修辭學》（*The Art of Rhetoric*）。他對修辭學的定義是：說服人們相信任何東西，或者促使人們行動的語言藝術。

當然，亞里斯多德的《修辭學》只是微觀層面的修辭學。從宏觀視角來說，在人類的語言還沒有成型之前，修辭學已經在我們的遠古祖先那裡得到了廣泛的應用。遠古部落的人如果想競選部落首領，除了強健的體魄，還要靠修辭學，也就是講故事的能力。

看過《最黑暗的時刻》（*Darkest Hour*）這部電影的朋友，可能對西元前著名的雄辯家與哲學家西塞羅（Marcus Tullius Cicero）多少有些印象。電影中的溫斯頓・邱吉爾（Winston Churchill）借助西塞羅的書籍，用演講打敗了內閣裡的投降派，發動了改變大英帝國命運的大戰。

結合亞里斯多德的《修辭學》和我二十年的品牌行銷經驗，我總結出品牌行銷學中常用的九大修辭法（見圖24）：愉悅修辭法、類比修辭法、押韻修辭法、對比修辭法、節奏修辭法、普世修辭法、簡單修辭法、環形修辭法、數字修辭法。

我採用「修辭法」而不是「修辭學」的原因是，希望它們是人人都能學得會、用得上的實戰方法。九大修辭法看上去很複雜，但其實並不複雜，你可以把它們看成愉悅修辭法。只要掌握這一個，你就足以解決品牌行銷中遇到的不少難題。其餘八個方法，可以理解為是製造愉悅感的延伸方法。

在這，我不會對九大修辭法進行太多論述，因為這遠遠超出了一本書的內容。

《9大修辭法》

愉悅修辭法・類比修辭法・押韻修辭法

對比修辭法・節奏修辭法・普世修辭法

簡單修辭法・環形修辭法・數字修辭法

▲**圖24**　品牌行銷9大修辭法。

愉悅修辭法：製造愉悅感，讓顧客不自覺買單

很多超級品牌都是製造愉悅感的高手，我們看看麥當勞是如何用愉悅感繞過我們的大腦防線，讓我們喜歡上麥當勞的。

麥當勞的「我就喜歡（I'm lovin' it）」這句廣告語，想必大家都非常熟悉。自二〇〇三年，這句廣告語就迅速被翻譯成二十多種語言，在全球廣泛傳播。但大家是否想過，它的廣告語為什麼是「我就喜歡」而不是「你就喜歡」？

想像這樣一個場景，當我們在看電視、購物、或者聊天時，耳邊突然傳來一句帶有「我就喜歡」的話語，我們瞬間就會聯想到麥當勞的這句廣告語，儘管很多時候我們是下意識的。這種資訊很容易繞過我們的大腦防線，不知不覺中在我們的潛意識中形成品牌綁定。當我們反覆聽到這句話時，我們就會不由自主的在心中重複這個曲調。這樣，我們就把飽含情感能量的「喜歡」一詞，和麥當勞這個品牌緊密的聯繫在一起了。

更巧妙的是，「我」字會在我們的潛意識中，產生一種強烈的自我暗示，暗示「我就喜歡」麥當勞。如果把我換成你，就不會有這種自我暗示作用。長此以

往，在這些潛意識力量的作用下，我們神不知鬼不覺的就會給自己的大腦下達一個「喜歡麥當勞」的指令。也就是說，你的大腦會命令你：我就喜歡麥當勞，千萬別用別的品牌來糊弄我。

有次，我喝完一口麥咖啡（McCafé）後，發現其標誌下面印了一句廣告語：每一口，都是黃金標準。你看，它就是想給你製造一種黃金般的愉悅感。

人類的一切選擇行為都是情緒化的結果。整個廣告學大廈，就是建立在愉悅感的地基上，消費者只購買能給他帶來愉悅感的東西。也就是說，只要一個商品能給消費者帶來愉悅的聯想，消費者就會想買它。消費者的購買行為是對「愉悅」獎勵的預期。

人頭馬的「人頭馬一開，好事自然來」這句廣告語，就是透過廣告來給受眾製造愉悅感。至於帶來的好事，這是見仁見智的事情，可以任由人們聯想。百事可樂的「祝你百事可樂」；萬事達卡（Mastercard Incorporated）的「萬事皆可達，唯有情無價」；滴滴出行的「滴滴一下，美好出行」；餐飲連鎖企業西貝的「閉著眼睛點，道道都好吃」；娃哈哈的「愛你就等於愛自己」；優樂美奶茶的「你是我的優樂美」；廚房電器品牌華帝世界盃行銷的「法國隊奪冠，華帝退全款」；中國銀行的「給未來開個好『投』」；臺灣大眾銀行的「不平凡的平凡大眾」；化妝品牌自然堂的「你本來就很美」等，都是透過廣告來激起受眾內心的愉悅感，從而加大被消費者選擇的機率。

不只是這些大品牌，只要你足夠細心，就會發現所有的商家，無時無刻不在用愉悅感鼓動我們快速做出選擇。

我們去餐廳吃飯時，經常看到很多人拿起菜單猶豫半天，不知道該點哪道菜。對靠翻桌率來賺錢的餐廳來說，這可是會要命的，尤其是坐落在CBD辦公大樓周邊的小餐廳。

菜單最大的作用，是縮短顧客點菜的時間。你會發現，有些餐廳確實在菜單上花了不少心思，為顧客做好了分類：進店必點、本店招牌、店長推薦、今日特價、新品嘗鮮等。有的餐廳還會在餐點旁標注辣度或熱度。同樣的一道菜，只要你在菜名前寫上「本店招牌」四個字，其銷量就可以直接提高一八%以上，這就是修辭學的威力。

而這背後的原理還是愉悅感，即透過修辭來啟動你大腦中的多巴胺（dopamine），以便讓你快速做出決策。這樣，客人的決策流程就變短了，翻桌率就上來了，利潤自然就提升了。

我認為，**製造愉悅感的方法有以下三種**。

第一，符號。我為現代支付設計的超級視覺符號8、麥當勞的M形標誌、LG的笑臉標誌、耐吉的勾勾等，都是在透過符號為受眾製造愉悅感。

第二，名字。比如，可口可樂、百事可樂、開喜烏龍茶、旺旺仙貝、娃哈哈、福臨門這些名字都可以製造愉悅感。

第三，廣告語。比如，人頭馬一開，好事自然來；中國銀行基金定投，給未來開個「好投」；你本來就很美；你值得擁有等廣告語可以製造愉悅感。

上面我們講了帶給人們愉悅感的三大路徑，下面我們從生理學和心理學角度簡單論述一下**製造愉悅感的三大底層邏輯**。

第一，聯想和記憶。亞里斯多德在《修辭學》中對愉悅有這樣一段描寫：「有許多東西，只要有人告訴我們是使人愉悅的，或者勸誘我們，使我們相信是使人愉快的，我們就會想觀看、想獲得。既然快感是對某種情感的感覺、既然想像是一種微弱的感覺，所以一個有所回憶或有所期望的人，會對他所回憶或期望的事有所想像。如果是這麼一回事，那麼，很明顯，那些有所回憶或有所期望的人會感到愉快，必然是感覺中的現在的事，或回憶中的過去的事、或期望中的未來的事，因為現在的事可以感覺，過去的事可以回憶，未來的是可以期望。」

簡而言之，廣告的成功就在於，成功的喚醒人們的聯想記憶，而這背後更深層的生理學原理是人類的鏡像神經元在起作用。

第二，多巴胺。從生理學角度來講，影響我們愉悅感的是多巴胺這種神祕的物質，分泌的多巴胺越多，我們產生的愉悅感就越強。

第三，習俗和迷信。習俗和迷信被認為是非完全理性的行為，這些行為及其結果之間沒有任何可辯證的關係。習俗和迷信不僅影響普通人的選擇，理性的科學家很多時候也會受其影響。

類比修辭法：用「具象」比喻「未知抽象」

有這麼一家銀行，它每天都會往你的帳戶裡存入一千四百四十元，但是你每天必須花完。如果你沒有花完，那麼對不起，你的帳戶會直接歸零。第二天，它會再往你的帳戶裡存入一千四百四十元。問題來了，在這種情況下，你對待這筆錢的最佳策略是什麼？

很多朋友可能會出大招，努力把這筆錢花光。也可能會有人問：「王老師，這世界上真有這樣的銀行嗎？」

答案是肯定的，而且這家銀行對每個人都是公平的，不管你是總統，還是平民老百姓。

這家銀行到底在哪裡？就在你眼前，這家銀行就是「時間」。它給每個人的一天都是一千四百四十分鐘，不管你能不能用完，它都會每天準時歸零。

聽完這一比喻後，你是否對時間有了新的認識？時間就是金錢、一寸光陰一寸金，這兩句話是否瞬間也煥發出了新的生機？這種「助推」的話語，是不是比乾巴巴的灌輸「時間對我們每個人都很重要，大家要好好珍惜每天的每一分鐘」更能打動你？

幾年前，我曾設計了一款手錶，名字就是「時間就是金錢」。我把指針和美元符號$、人民幣符號¥、英鎊符號£、歐元符號€相結合。我把每個符號都少寫一筆，當分針指向這些符號時，正好補齊符號缺少的那一筆，隱藏的「錢」就瞬間顯現了。

圖25就是我的設計圖，大家可以自行體會其中的奧妙。我的目的就是用這款手錶，隨時提醒自己，這家名為「一四四〇銀行」的重要性。

這也就是我對待時間的態度：不能浪費時間，要把有限的精力，都投入到能形成自己個人品牌資產的事上，投入到未來能帶來收益的事上，這個收益可以是物質的，也可以是精神的。

寫書的過程，就是將一四四〇銀行裡轉瞬即逝的分分秒秒都保存下來，讓它擁有自己的價值，可以被更多人看見，可以幫

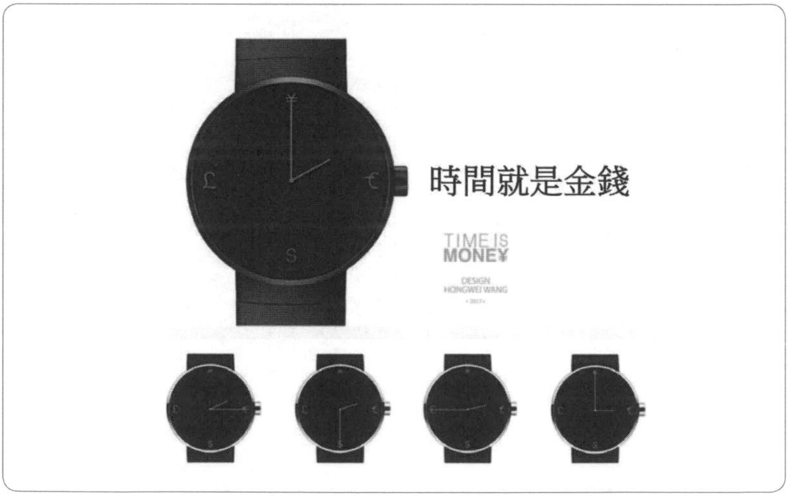
時間就是金錢
TIME IS
MONEY¥
DESIGN
HONGWEI WANG

▲ **圖25**　「時間就是金錢」手錶設計圖，每個錢符號都故意少寫一筆，當分針指向符號時，正好補齊符號缺少的那一筆，隱藏的「錢」就瞬間顯現了。

助更多人。我想，這也是很多人寫作的初心。文字可以將剎那化為恆久。

企業的品牌建設也是這樣，能形成品牌資產的事情，我們一定要做，不能形成品牌資產的事情，一秒鐘也不要浪費。類比修辭法，在我們的日常生活和品牌行銷活動中非常普遍。

我幫侍文院創作的廣告語，「侍酒文化領航者」採用的就是類比修辭法。再比如，大家經常聽到的中國版谷歌、減配版淘寶、下一個阿里巴巴、中國的特斯拉、雷軍的雷伯斯、段永平[1]的段菲特等說法，都是類比修辭法。

如果生活中沒有了類比修辭法，那將是無法想像的，交易成本會瞬間劇增，甚至整個社會的發展都會受到影響。

押韻修辭法：押韻能讓人放鬆

為什麼我們的大腦，總會在不知不覺中被欺騙？

1 中國步步高集團總裁，OPPO 與 vivo 兩個手機品牌也是由他投資創立。

現代科學家和心理學家發現，當我們在試圖說服別人相信某件事或某個觀點時，巧妙的運用一些押韻的句子，能夠明顯提高成功的機率。從這個角度來說，咒語、詩歌、廣告語等都是同源的，它們底層邏輯都是修辭學。

我們的大腦之所以很容易被欺騙，是因為它從古到今，總是喜歡押韻的東西。押韻的廣告語帶有一種天生的魔力，能成功繞過大腦防線，讓消費者不知不覺就相信，而且在受眾的大腦中留存的時間會更長。

戴比爾斯（De Beers）的「鑽石恆久遠，一顆永流傳」；建設銀行的「要買房，到建行」；人頭馬的「人頭馬一開，好事自然來」；維維豆奶的「維維豆奶，歡樂開懷」；漢庭酒店的「愛乾淨，住漢庭」、農夫山泉的「農夫山泉有點甜」等，都是押韻廣告語中的佼佼者。聽了這幾句話，你瞬間會對相關品牌產生信任。廣告語其實就是咒語。

為什麼押韻句，總能輕易的繞過人們的心理防線？

心理學中有個概念是「認知放鬆」。結合心理學家康納曼的觀點來講就是，如果你能用詞語給對方營造一種輕鬆的氛圍，不用調動他的系統二（慎思系統），那麼他更容易進入一種放鬆的狀態。押韻句就是能給受眾帶來認知放鬆的超級武器，可以輕鬆繞過受眾的人腦和心理防線，並使他們信服。

人們在聽到這些押韻句子時，不會有任何心理防備，會覺得它們有道理，即使是第一次聽到，也會覺得特別親切、特別熟悉、特別順口，不但一下子就能記住，而且以後還會引用。這離不開修辭學的魅力、押韻句的功勞。

如果我們用非押韻句來表達同一個意思，就很難瞬間讓人信服，也很難流傳開來。例如把「人心齊，泰山移」這句話換成：「只要大多數人的想法都差不多的時候，我們就能克服各種困難」，氣勢就弱了很多，而且很難流傳開來。

對比修辭法：前句否定，後句肯定，加深印象

為什麼多問一句話，銷量就能漲兩倍？在心理學家看來，人類的大腦很懶，懶得去思考，很容易將前後關係理解為因果關係。對比法利用的正是這一點。比如，同樣是賣煎餅果子的，老張的收入是老李的兩倍多，原因是老張在每個顧客付款時，都會主動詢問：「您要加一顆蛋還是兩顆蛋？」僅僅多了這句話，兩個人的收入就差了很多。

鐵達時（Titus）手錶的「不在乎天長地久，只在乎曾經擁有」、好時之吻（Hershey's Kisses）巧克力的「小身材，大味道」、海王銀杏片的「三十歲的人、六十歲的心臟，六十歲的人、三十歲的心臟」、M&Ms 巧克力的「只溶你口，不溶你手」等採用的都是對比修辭法。

這些廣告語通常前半句是否定句，後半句是肯定句，在前後對比中，加深受眾的印象。下面這段廣告語採用的就是對比修辭法：

你寫簡報時，阿拉斯加的鱈魚正躍出水面；你看報表時，梅里雪山的金絲猴剛好爬上樹尖；你擠進地鐵時，西藏的山鷹一直盤旋雲端；你在會議中吵架時，尼泊爾的背包客一起端起酒杯坐在火堆旁。有一些穿高跟鞋走不到的路，有一些噴著香水聞不到的空氣，有一些在辦公大樓裡永遠遇不見的人。

你可以用上述原理，思考一下蘋果推出的 iPhone 手機的定價策略。到底是該買iPhone mini，還是該買 iPhone 12 或 iPhone 12 Pro？

我想很多人會糾結。當然，更多人會選擇買 iPhone 12，這也符合蘋果公司的預期。iPhone mini 和 iPhone 12 Pro 只是一個錨，為的是把你錨定在 iPhone 12 這款產品上。這就是對比法所爆發出來的巨大威力。

節奏修辭法：提升韻味，過目難忘

常見的節奏修辭法有兩種，一是對仗法，一是疊字法。對仗句是廣告中常用的修辭手法。對仗句不但讀起來朗朗上口、韻律優美，而且說服力極強。比如我幫作家劉 sir 的新書《連接力》寫的封面核心選擇理由就是對仗句：「要麼獨當一面，要麼連接一切」。

再比如，大家比較熟悉的 OPPO 的「充電五分鐘，通話兩小時」；人頭馬的「人頭馬一開，好事自然來」；戴比爾斯的「鑽石恆久遠，一顆永流傳」；腦白金的「今年過節不收禮，收禮只收腦白金」；同仁堂藥鋪的「炮製雖繁必不敢省人工，品味雖貴必不敢減物力」；麥斯威爾（Maxwell House）咖啡的「滴滴香濃，意猶未盡」；萬事達的「萬事皆可達，唯有情無價」；飛利浦（Philips）的「靜於心、簡於形」等都是優秀的對仗句。

疊字最大的魅力是，能瞬間帶給人們親切感、熟悉感。疊字廣告語會在消費者的潛意識裡產生神奇效果。

疊字是廣受群眾喜愛的一種修辭方式，從家長給小孩取的名字裡，我們就能窺知一二。疊字也是品牌命名和廣告行銷中，經常使用的修辭方式。阿里巴巴、斯斯這些名字中都有疊字，娃哈哈及其廣告語「喝了娃哈哈，吃飯就是香」中也都有疊字。

疊字使得名字或者廣告語更具節奏感，同時又能直接把信號放大，還會引發受眾的曝光效應。

疊字在古代詩詞中也經常出現。如享有千古第一才女之稱的宋代女詞人李清照的傳世之作〈聲聲慢〉，更是把疊字用到了前無古人、後無來者的境界。

這首詞是李清照晚年流落江南時，為抒發家國身世之愁而作。這首詞最大的特點，就是成功的運用了疊字。開篇三句十四個疊字，表達出了三種境界。「尋尋覓覓」，寫人的動作、神態；「冷冷清清」，寫環境的悲涼；「淒淒慘慘戚戚」，寫內心世界的巨大傷痛。同時，這幾對疊字還造成了音律循環往復的效果，加強了詞作的音樂性，使受眾感同身受、過目難忘。

普世修辭法：用對方聽得懂的話，說他不懂的事

小說家路易士・史蒂文生（Robert Louis Stevenson）曾說：「文學的難點不在於寫作，而在於透過寫作傳達出你想表達的意思。」

普世修辭法，指的是它裡面蘊含的普世道理。具體指的是理解的門檻要足夠低，低到絕大多數人都能聽懂。像「時間就是金錢」、「知識改變命運」、「凡事要量力而行」、「飯後百步走，活到九十九」、「一個籬笆三個樁，一個好漢三個幫」這些句子，理解門檻就很低。

像「怕上火，喝王老吉」、「困了、累了，喝紅牛」、「今年過節不收禮，收禮只收腦白金」、「麥當勞，I'm lovin' it.」等，在年復一年中，不知不覺在人們的大腦中成了「普世的道理」，好像這些產品，生來就是如此。

簡單修辭法：口語化，大家都聽得懂

簡單修辭法指的是廣告語要足夠簡單，簡單到大部分人都能聽懂。

具體說來就是，要接地氣，多用口語，少用書面語。傳播是口語行為，我們發布一個廣告語，為的就是讓人口耳相傳，一傳十、十傳百。只有口語，才能達到這個效果。

有一次兒子突然對我說：「爸爸，今天出去玩，你買瓶農夫山泉給我。」

我說：「為什麼？家裡不是有依雲（evian）嗎？」

兒子說：「爸爸，因為農夫山泉喝起來有點甜。」

可見農夫山泉的廣告語有多成功，一個六歲的小孩都能脫口而出。但可惜的是，農夫山泉有點甜的廣告語已經被「大自然的搬運工」取代了。試想一下，有多少小孩會對他們的父母說：「爸爸、媽媽，買瓶大自然的搬運工給我。」

「我們不生產水，我們是大自然的搬運工」這句話是典型的書面語，如果沒有海量的投放，根本不可能流傳開來，與農夫山泉有點甜的傳播效果相去甚遠。

這是很多企業都會犯的一種毛病，發展到一定階段，就會產生一種焦慮感，總想變點新花樣出來。

對職業經理人來說，似乎不給點新東西，就沒有存在感。希望企業能引以為戒，不要讓寶貴的品牌資產白白流失了。作為品牌行銷人，每當我們看到寶貴的品牌資產就這樣白白流失，真是痛心啊！

我覺得「農夫山泉有點甜」這句廣告語，應該被寫入農夫山泉公司的章程，不要輕易更換。其他廣告語可以是階段性的，但這一句廣告語必須堅持下去。就像前面說的日本格力高的戶外廣告，一直沿用了一百多年，以至於成了日本的地標。一個商業看板能夠成為地標，這是何等成功和寶貴。

環形修辭法：得有頭有尾，給出解決方案

環形修辭法，指的是**廣告語要是一個完整的句子，並且要給出解決方案**。

亞里斯多德在《修辭學》對環形句有這樣的定義：「環形句，指本身有頭有尾，又容易掌握長度的句子。這種句子討人喜歡，容易理解。討人喜歡，是因為聽者經常認為他有所領悟，達到了終點。容易理解，是因為容易記憶。」

很多時候，產品並不是最重要的，重要的是消費者的感知，在很多時候，感知就等於事實。

一個好的環形句應該包括目標使用者、產品名、選擇理由這三大要素。比如

「人頭馬一開，好事自然來」，目標使用者是喝酒的人，產品是人頭馬，選擇理由是好事自然來；「喝了娃哈哈，吃飯就是香」，目標使用者是不好好吃飯的小孩，產品是娃哈哈，選擇理由是吃飯就是香。

數字修辭法：數大就是美

人的一生，歸根究柢，就是一串數字。

數字修辭法指的是，在廣告或者品牌行銷活動中含有具體的數字，可以是阿拉伯數字，也可以是中文數字。如果你的抖音、臉書、微信公眾號、影片觀看次數等，有一則按讚數或分享超過十萬的內容，你腦中的多巴胺就會瞬間加倍分泌，跟中樂透似的。

當你逛超市、商場看到打折商品時，或者看到某款 App 的廣告語為「累計下載量突破六億次」、「X千萬用戶的選擇」，或者看到某種商品的廣告語為「每年銷量繞地球X圈」時，你都會產生愉悅感。只要你稍作留意就會發現，數字修辭法在生活中比比皆是。

人天生對數字就很敏感，人的一生就是由一連串數字構成的。我們描述一個嬰兒時會說：「X個月大了」；描述一個孩子時會說：「他X歲了，該上小學了」；長大後，我們會有身分證字號和電話號碼；工作後，我們的勞動成果是用薪資來衡量的……我們一生都在使用數字。

數字的背後是時間，時間的背後是生命、金錢。使用數字修辭法，是為了降低顧客選擇成本。把握住這一點，你就把握住要點了。

記住我、選擇我、替我傳

◆ 愉悅修辭法：人類的一切選擇行為都是情緒化的結果，只要商品能給消費者帶來愉悅的聯想，消費者就會想買它。如人頭馬一開，好事自然來。

◆ 類比修辭法：將兩個本質上不同的事物就其共同點進行比較。如將小米的雷軍比喻為雷伯斯。

◆ 押韻修辭法：在試圖說服別人相信某件事或某個觀點時，運用押韻句，能夠明顯提高成功的機率。如鑽石恆久遠，一顆永流傳。

◆ 對比修辭法：通常前半句是否定句，後半句是肯定句，在前後對比中，加深受眾的印象。如不在乎天長地久，只在乎曾經擁有。

◆ 節奏修辭法：常見的有對仗法和疊字法。對仗句不但讀起來朗朗上口、韻律優美，而且說服力極強。如充電五分鐘，通話兩小時。而疊字最大的魅力是，能瞬間帶給人們親切感、熟悉感。如阿里巴巴。

◆ 普世修辭法：指理解的門檻要足夠低，低到絕大多數人都能聽懂。如時間就是金錢。

◆ 簡單修辭法：廣告用詞要足夠簡單，簡單到大部分人都能聽懂。如農夫山泉有點甜。

◆ 環形修辭法：好的環形句應該包括目標使用者、產品名、選擇理由這三大要素。比如「人頭馬一開，好事自然來」，目標使用者是喝酒的人，產品是人頭馬，選擇理由是好事自然來。

◆ 數字修辭法：指在廣告或者品牌行銷活動中含有具體的數字，可以是阿拉伯數字，也可以是中文數字。如累計下載量突破六億次。

02 產品是流水，符號是永恆的

假設ＬＶ推出了一款新手提包，設計風格和之前的產品一模一樣，唯一區別是，手提包上所有帶有ＬＶ標識的元素都被去掉，價格還和之前的一樣。面對這款新產品，還有人願意購買嗎？

我想，絕大多數人都不會購買。ＬＶ也不會冒這種風險。

真「良品」假「無印」的無印良品

一九八〇年代，世界幾個主要經濟體陷入了低迷，日本也經歷了嚴重的能源危機。當時的消費者不僅希望商品品質很好，也希望價格不高。在這種情況下，「無品牌」概念（源自英文：no brand goods）在日本誕生了。當年，木內正夫創辦了「無印良品」（MUJI）公司，並向市場推出了第一批無品牌產品。

從一九八三年無印良品在東京青山開設第一家旗艦店到現在，無印良品的門市僅在中國就突破三百家[2]。尤其是對設計師來說，要是沒聽過無印良品，沒買過一、兩件無印良品的小物件，都不好意思說自己是做設計的。

具有戲劇性的是，無印良品的初衷是不要品牌，但現在無印良品卻成為了一個全球知名的品牌。如果你去散落在各地的無印良品門市走一遭，你會發現，到處都是帶有無印良品 Logo 的商品。所以，消費者買的不是商品，而是符號。

符號讓商品更加值

消費者需要透過他們所購買的符號，向外界發射信號，表明他們的身分，傳遞他們的價值觀、品味、審美取向等。

2 截至二〇二一年五月，無印良品在中國的門市總數已達三百六十八家。在臺灣截至二〇二二年一月計有五十五家實體店、餐飲有兩家、電商網購有三家、全聯店中店有三十家、實體店同時提供熊貓購物服務則有五十家。

一九九〇年代中後期，賓士、BMW等豪華品牌開始擴張自己的商業版圖，把觸手伸向了價位較低的中級車領域，這讓當時的福斯汽車總裁費迪南德．皮耶希（Ferdinand Piech）深感不安，為此他決定進行反擊。他的戰略是，打造一款能與賓士 S-Class 和 BMW 7系相匹敵的豪華D級車。

為了追求完美無缺，皮耶希對他的工程師，提出了多項苛刻的技術要求，如車內四區域無直流風恆溫空調，每小時三百公里巡航速度能力，在環境溫度攝氏五十度時，車內可以保持攝氏二十二度恆溫，車身抗扭轉剛性要達到三萬七千Nm/deg[3]等。經過五年的努力，這款斥資超過十億歐元[4]、集合了當時福斯汽車最高造車技術的旗艦車型 Phaeton 終於在二〇〇二年量產了。

在這樣的背景下誕生的 Phaeton，如同含著金湯匙出生。雖然 Phaeton 這個名字能給人們帶來愉悅感，卻沒有給自己帶來飛騰的好運，也沒有等到飛黃騰達的那一天。二〇一六年三月，隨著第八萬四千兩百三十五輛黑色塗裝的 4.2L Phaeton 駛下德勒斯登透明工廠生產線，也正式宣告了 Phaeton 的停產，結束了為期十四年的短暫 Phaeton 歲月。

Phaeton 為何慘敗？我認為原因有以下三點：

第一，品牌戰略定位的失敗。在這個案例中，戰略定位包含兩部分：一是產品戰略定位，皮耶希用 Phaeton 這一產品實現豪華 D 級車這一戰略定位，看起來沒什麼不妥；二是品牌戰略定位，Phaeton 的失敗，較大的原因是品牌戰略定位上的失敗，最主要的是其不應該繼續沿用福斯的標誌。

標誌符號的背後是品牌戰略定位，所有的事都是一件事，都事關戰略，不應該分開。Phaeton 的致命問題就是，產品戰略定位和品牌戰略定位是兩張皮，不能形成品牌合力，帶給消費者的認知也是分裂的。

第二，資訊不對稱。從福斯汽車公司的角度來看，他們想透過 Phaeton 這輛價格為兩、三百萬元的車發出「豪華」的信號，但受眾接收到的信號卻是只值二、三十萬元的 Passat，這一信號的能量一下子損耗了十倍。所以，Phaeton 的故事完美的演繹了在傳播中，信號能量是怎麼損失掉的。

第三，符號決定命運。Phaeton 投入了超過十億歐元，向我們生動的證明了

3 令車身產生一度的扭轉所需要的扭力。
4 約新臺幣三百一十二．一五億元，二〇二一年歐元與新臺幣的匯率約為三十一．二一五比一。

符號是如何決定品牌命運的。消費者買車時買的是什麼？車標！車標是什麼？超級信號。大家想想，Cayenne 為什麼成功？因為它屬於保時捷這一品牌，保時捷這個符號的信號能量非常大。消費者如果開著一輛 Cayenne 上街，會覺得很有面子。在人們的印象中，保時捷是豪華車的代名詞，保時捷旗下的所有車型，至少需要幾百萬元。但 Cayenne 僅用一百萬元左右就能買下來。

如果你留意中國車系的車標，就會發現，很多品牌都像是西方品牌流落在中國的雙胞胎兄弟。企業透過符號來影響消費者的選擇，消費者再透過符號對外界發射信號，彰顯自己的身分。所以，消費者購買的不是商品，而是符號、信號。

記住我、選擇我、替我傳

◆ 消費者購買的不是商品，而是符號。透過他們所購買的符號，向外界表明他們的身分，傳遞他們的價值觀、品味、審美取向等。

第七章

快速賣貨文案四步法

跟進這麼多年的品牌行銷經驗，我總結出了快速賣貨文案四步法：標題吸引人、內文說動人、讓人立刻買、讓人替我傳。

01 標題決定了閱讀率

「H5還能活多久？」和「我覺得H5還能多活一秒！」這兩個標題，哪個更吸引你，讓你更有想打開的衝動？

實驗顯示，第一個標題的點選率是第二個的五十倍以上。這兩篇稿子的內容都來自於同一個簡報演講稿，但傳播效果至少相差五十倍以上。

第一篇稿子，是我為W公司創辦人李三水，在金瞳獎的演講策劃的公關傳播稿，在零傳播費用的情況下引發了洗版熱傳，被人民日報媒體技術、數英網、頂尖文案、麥迪森邦、中華廣告網、廣告導報、廣告頭條等專業媒體和眾多自媒體轉發，在社交網路引發了近一千萬的自傳播閱讀量。

標題就是流量，標題就是一切的開始。標題決定了閱讀率，閱讀率決定了轉化率，轉化率決定了收益率。

寫文案，最難的是第一段，比第一段更難的是標題。我們可以用三個小時寫一篇精彩的文章，但可能用三天時間也想不出一個吸引人的標題。

我的朋友山哥之前曾在抖音上做情感類影片。在和她的聊天中我得知，在剛開始的一段時間裡，她發布的影片播放量都不太大，大都在一萬以下。直到有一天，她寫下了「陽光下的是愛情，房間裡的是關係」這個金句，一夜之間，她的影片紅了。該影片的播放量突破一千萬，給她的帳號帶來超過五十萬個粉絲。這部影片後臺的留言超過了一萬多條，四個工作人員花了三個工作日才回覆完。

也就是從這部影片開始，她體會到了標題和金句的威力，基於這一經驗，她的粉絲數很快就超過了兩百多萬，影片的點讚數和評論數也是一路飆升。

作為本書在盲測階段的最初幾位讀者之一，當我和她探討如何理解「記住我、選擇我、替我傳」這幾個字時，她聊到了上述經歷。除了上面說到的金句，她的那部影片之所以能夠引爆，也離不開天時、地利、人和。

那天，當她靈光乍現想出那個金句，並想把它添加上影片封面圖上時，設計人員恰巧已經下班。情急之下，她只得求助程式設計師同事。這位同事並不懂設計，將這幾個字做得特別大，還採用了紅黃色，視覺衝擊力非常強。

她第一眼看到這種設計方案時，有點接受不了，認為和之前影片封面圖的唯美設計風格不搭。不過，由於同事是主動幫忙，她也不好意思挑毛病，就全盤接受了。結果就像上面講到的，這部影片很快就爆紅了。

這符合我前文所說的「信號能量」原理。巧合的是，山哥在做這部影片時，無意之中將修辭學和符號學都用到了極致（再加上一定偶然因素），做出了爆款影片。從此以後，她所有的影片封面圖都沿用了「金句＋大字」的設計風格。實驗證明，這招很有效。

具體到做抖音影片、視頻號等網路影片，我進行了如下總結。

第一，每個影片至少要有一個金句。這個金句要能瞬間點燃觀眾的熱情，引發強烈的共鳴和分享的欲望。同時，這句話也要成為別人願意替你傳播的話。

第二，封面圖至關重要，要能瞬間吸引人。

第三，信號能量要強，要達到讓別人替我傳的效果。

最後，我們再回到本節主題上：**怎樣寫一個吸引人的標題？**我認為要**把握四點：好奇法、三秒法、優惠法、二二一法**。

- 好奇法：標題要引起人們的好奇心，讓人們瞬間產生點進去看的欲望。
- 三秒法：標題要在三秒鐘內吸引人來閱讀，否則，內容再好也沒用。八〇%的讀者會在三秒內決定是否繼續閱讀下面的內容。

- 優惠法：在標題中直接以「優惠」作為最大賣點，大家可以根據自己的實際情況來操作。
- 二二法：標題不要過長，最好控制在二十二個字以內。根據心理學家和科學家的研究成果，標題越長，閱讀率越低。

記住我、選擇我、替我傳

◆ 標題就是流量，標題就是一切的開始。

◆ 怎樣寫一個吸引人的標題？把握四點：好奇法（標題能引人好奇）、三秒法（三秒鐘內吸引人來閱讀）、優惠法（標題中直接以優惠做賣點）、二二法（標題字數控制在二十二個字以內）。

02 說動人心的五訣竅

在這裡，我為什麼不用「說服」，而用「說動」這個詞？因為說動有驅使受眾行動起來的意思。我們發射一個超級信號，謀求的是顧客的三個行動：記住我、選擇我、替我傳。

很多時候，我們透過有限的廣告畫面很難把一件事情說全、說清，也很難說服對方。但如果我們圍繞最終目的來思考，那麼這件事就很聚焦：我們只要說動顧客就行，不用說全、說清，甚至不需要說服。像「充電五分鐘，通話兩小時」一這句經典的廣告語，並沒有企圖跟用戶說清楚，五分鐘和兩小時背後的科技原理，而且它也說不全、說不清。但它的厲害之處在於，它能瞬間說動顧客。

這裡的內文其實不僅僅指內文，很多時候還包括廣告語、標題甚至是畫面。因為很多廣告是沒有內文的，只有一句文案或一個畫面。

內文說動人的核心策略，是從對方的角度考慮問題，透過文案的力量獲得信任，化解對方的潛在顧慮，讓對方放心的選擇你的商品、品牌和服務。

現年七十三歲的華爾街之王、美國黑石集團（Blackstone Group）全球主席兼首席執行官蘇世民（Stephen A. Schwarzman），在他的暢銷書《蘇世民：我的經驗與教訓》（*What It Takes*）中說道：「**處於困境中的人往往只關注自己的問題，而解決問題的途徑，通常在於你如何解決別人的問題**」。

我們在寫文案時，不要只關注自己有什麼、產品的核心賣點是什麼，更要從為用戶解決問題的角度進行深度思考，想想自己能為顧客帶來什麼價值、解決什麼問題。很多時候，顧客想要的並不是你生產的「錘子」，而是牆上的那個洞。

我把內文說動人的方法總結為五種：暢銷說動法、名人效應說動法、權威背書說動法、前後對比說動法、助推說動法。

暢銷說動法：從眾，是人類的本能

暢銷說服法在我們的日常生活中幾乎無處不在：我女兒從身後的書架上隨手抽出一本《不一樣的卡梅拉》，書的封面上印著一行燙金字「全球暢銷一千七百萬冊」，下面還配有五顆同樣金光閃閃的星星；逛完書店，我們準備去超市買東西，電梯門剛打開，我們就看見猿輔導[1]和波司登[2]的廣告在輪番播放，一個說「全國用戶累計突破四億」，一個說「為了寒風中的你，波司登努力四十四年」；就在電梯門關上的那一刻，廣告畫面上又出現一個女明星，雙手高高舉起一罐奶粉說道：「飛鶴奶粉，銷量遙遙領先。」

我們好不容易從電梯廣告的輪番轟炸中逃出來後，又路過一家味多美麵包店，招牌上黃底黑字的燈箱刺激著我們的視桿細胞和視錐細胞，發出了「全國三百八十家連鎖」的超級信號；剛到超市，我們遠遠就看見香飄飄奶茶，想起了「一年賣出三億杯，杯子連起來可繞地球一圈」的廣告語。商家的各種暢銷說服法，讓你想逃也逃不掉。

回到家後，我上網查了一下味多美的門市據點。雖說味多美在全國共有三百八十家連鎖店，但其中近三百家開在了北京。顯然，全國三百八十家連鎖是用了數字修辭法，將一個區域性品牌提升到了全國性品牌的高度。這就是修辭法在實際操作中的巨大威力。

各行各業之所以如此鍾情暢銷說服法，是因為它確實能提高銷量，而銷量提高的背後是從眾心理。心理學家和科學家透過實驗證明，即使面對一些錯得離譜的事情，七四%的人也會從眾。

明明天空中什麼都沒有，但只要你召集五個以上的人同時抬頭看天，那麼經過他們身邊的路人，也會不由自主的抬頭看天。這背後的原理，可以追溯到我們的祖先。

從進化論的角度來說，在遠古時期，人們透過從眾獲得的收益，遠遠大於遭受的損失。比如，在野外狩獵時，如果你身邊的人都朝一個方向逃跑，那麼你的最佳選擇是跟著大家一起跑，而不是調用你大腦中的「系統二」，考察一番該不該跑、為什麼跑等問題。在很多情況下，**當你不知道該怎麼選擇時，從眾是最好的策略**。在今天人們的很多購買行為中，依然如此。

當你看到全國累計六億用戶使用、銷量全國遙遙領先、已有八百六十六萬七千八百九十九位用戶購買等廣告語時，跟著大家一起買似乎是不錯的選擇。

---

1 由中國北京貞觀雨科技有限公司推出的一款作業輔導應用程式。
2 中國羽絨生產商。

從生理學上來講，從眾帶來的直接好處就是節省能量。節省能量的背後是認知放鬆，一旦消費者認知放鬆後，品牌廣告就很容易繞過消費者的大腦，進入他的潛意識，使他在不知不覺中採取選擇或者購買行為。

名人效應說動法：品牌都該有代言人

對新品牌來說，快速打開市場的方式之一就是借助名人效應。將名人的背書嫁接到你的新品牌上，實現信任的遷移，讓顧客覺得購買你的產品是有保證的。

名人代言有三個好處：

第一，光環效應。超級名人代言可以提高品牌溢價，這種溢價既可以是實實在在的財務上的溢價，也可以是內心認同上的溢價。

名人代言某產品時，很多粉絲會跟風選擇這種產品。在淘寶、蝦皮等網路商店中，只要在產品圖片上標注「明星同款」，瞬間就能啟動消費者的多巴胺分泌。對消費者來說，只要和明星使用同款產品，就如同化身明星，整個人的氣質也會不一樣。

第二，名人就是流量。代言人的名氣越大，帶來的流量就越大。

第三，名人就是沉沒成本。透過名人代言，可以向消費者發出持續經營、重視產品品質的信號。既然品牌方花大錢聘請名人來代言，那麼意味著，他們是打算認真經營、長期經營的。典型的像歐米茄（Omega SA）手錶的全球巨星「我的選擇」代言系列廣告。在這一系列廣告中，除了大大的明星照片，通常還會有醒目的文案提醒你：歐米茄是007詹姆士·龐德（James Bond）的選擇，歐米茄是好萊塢巨星喬治·克隆尼（George Clooney）的選擇，歐米茄是奧斯卡影后妮可·基嫚（Nicole Kidman）的選擇……。

言外之意，既然這麼多大牌明星都選擇了歐米茄，那麼它的品質肯定不差。當然，對很多大品牌來說，找明星代言是比較容易的事，但對很多中小企業來說，這是一筆不小的費用。不過，我們可以採取「曲線救國」[3]的策略。

3 形容取直接的手段不能夠解決，就只好採取間接的，效果可能慢一些的策略，一點一點的爭取和保衛勝利果實。

像現在比較流行的直播帶貨，品牌方只要交一點坑位費[4]，就可以使用相關明星的肖像，這也是種非常不錯的選擇。很多書籍的書腰上都會寫上一些推薦人的名字，也是同樣的道理。

權威背書說動法：專家說……

不管你是理性的經濟人還是感性的社會人，在權威背書說動法面前，你都是一個新人。

在《影響力》（*Influence*）這本書中，作者羅伯特．席爾迪尼（Robert Beno Cialdini）提到這樣一種現象：即使是受過正規培訓的醫務工作人員，也會毫不猶疑的執行來自醫生明顯漏洞百出的指示，如直接往病人的肛門裡點眼藥水。

茶商小罐茶的廣告採取的就是「權威背書說動法」，它的廣告語寫道：「小罐茶，八位製茶大師手工製作，每一罐都是泰斗級大師手工製茶。小罐茶，二〇一八年銷售突破二十億」。

看到這則廣告後，有些認真的網友就真的去算：按照廣告所述，即使全年無休，平均每位大師每天要炒一千四百六十六斤新鮮茶葉，而一般的手工炒茶師傅每天只能炒三十斤左右，頂尖的茶娘每天能炒四十斤。這則廣告中顯然有不實之詞，但它照樣有效。在現實的品牌行銷中，「權威」就等同於超級信號，能夠瞬間獲得消費者的信任，說動他們購買。

前後對比說動法：差異要大，才能達沸點

這是一種很常用的方法，尤其文案和圖片配合使用時，這種方法的說服力會瞬間加倍。

某非知名英語培訓機構的教學品質非常好，老師也很專業，但業務人員無論如何也說服不了家長選擇他們的課程。為什麼？因為家長不信。後來，他們採用了前後對比說動法，轉化率一下子提高了很多。

4 這個詞大都見於電商直播中，可以理解成發布費，也就是商家需要給帶貨主播坑位費，主播才會將商品上架，在直播間介紹你的商品。

他們具體是怎麼做的？在取得家長同意後，他們把一些孩子第一次上課時講英文的情景錄下來，然後把這些孩子學習一週後、一個月後的情況錄下來。最後，他們精挑細選了幾組標竿案例，在櫃臺的大螢幕上反覆播放，還做了幾組前後對比海報。尤其是錄製了一些剛開始很內向、不敢大聲說英語，經過一段時間的培訓後變得更加自信、活潑的小朋友影片。前來諮詢的孩子家長看到這些宣傳後，信任感增強了很多。

我們也經常會看到一些健身俱樂部、減肥產品等，都會採用這種前後對比法，來提高業績。**前後對比法的精髓是，前後差異要足夠大**，要能夠到達說動的沸點。

助推說動法：輕推一把，決策加分

今天我們常說的「助推」一詞，大都離不開二〇一七年諾貝爾經濟學獎得主理查・塞勒（Richard H. Thaler）與凱斯・桑思坦（Cass R. Sunstein）的著作《推出你的影響力》（*Nudge*）這本書。用他們的話說，助推就是自由家長制

（libertarian paternalism）[5]。

那什麼是助推呢？簡單說就是，不用強制手段和硬性規定，卻能保證目標群體同時收穫最大利益和自由選擇權，這股輕輕推動你做出最優選擇的力量就是助推。

比如，頒布法令禁止食用垃圾食品不算助推，把鮮脆欲滴、物美價廉的新鮮水果呈現在人們眼前，讓人們主動選擇健康食品，才是助推。

在男洗手間中，經常會看到類似「向前一小步，文明一大步」的溫馨提示（見圖26），但大都收效甚微。直到有一天不知從哪冒出來的大神，在小便池貼上一個

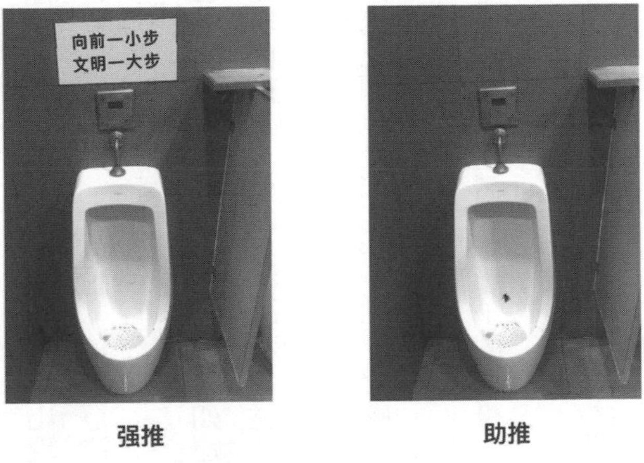

強推　　助推

▲圖26　利用蒼蠅圖案的助推作用。

5　主張行為科學可以成為善的力量，並用來改善我們的決策。

蒼蠅圖案，男士們便會不由自主的瞄準蒼蠅發起攻擊，於是，尿到小便池外面的現象減少了八〇%。

這個人就是艾達·凱布默（Aad Kieboom），他說：「這提高了男性行動的精確度。男性一看到蒼蠅，便會產生瞄準的衝動。」這種蒼蠅圖案，最早出現在荷蘭阿姆斯特丹史基浦機場（Amsterdam Airport Schiphol）的男廁。這也是透過超級視覺信號（蒼蠅）的刺激，引起潛意識反射行為的經典案例。

在實際的商業行銷中，透過「助推說動法」大獲成功的案例有很多，如連續會員包月、理財產品中的自動複投等，一個小小的助推，就能提高不少收益。其中很大一部分原因是人的惰性。

為了讓大家養成閱讀的好習慣，從宋朝的第三個皇帝宋真宗，到聯合國教科文組織（UNESCO），都花了很多心思。

宋真宗一生喜歡研究詩詞，寫下了流傳千古的〈勸學詩〉，詩中的「書中自有黃金屋，書中自有顏如玉」更是成為了千古絕句。

一九九五年，聯合國教科文組織宣布四月二十三日為「世界讀書日」。四月二十三日是西班牙著名作家塞凡提斯（Miguel de Cervantes）和英國著名作家莎士比亞的辭世紀念日。

〈勸學詩〉和世界讀書日，在一定程度上都取得了很大的效果。如果說〈勸學詩〉和世界讀書日是強推的話，那麼下面這篇〈我害怕閱讀的人〉，就是一個經典的助推案例：

不知何時開始，我害怕閱讀的人。就像我們不知道冬天從哪天開始，只會感覺夜的黑越來越漫長。

我害怕閱讀的人。一跟他們談話，我就像一個透明的人，蒼白的腦袋無法隱藏。我所擁有的內涵是什麼？不就是人人能脫口而出，遊蕩在空氣中最通俗的認知嗎？像心臟在身體的左邊。春天之後是夏天。美國總統是世界上最有權力的人。但閱讀的人在知識裡遨遊，能從食譜論及管理學，八卦週刊講到社會趨勢，甚至空中躍下的貓，都能讓他們對建築防震理論侃侃而談。相較之下，我只是一臺在MP3世代的答錄機；過氣、無法調整。我最引以為傲的論述，恐怕只是他多年前書架上某本書裡的某段文字，而且，還是不被螢光筆劃線注記的那一段。

我害怕閱讀的人。當他們閱讀時，臉就藏匿在書後面。書一放下，就以貴族王者的形象在我面前閃耀。舉手投足都是自在風采。讓我明瞭，閱讀不只是知識，更是魔力。他們是懂美學的牛頓、懂人類學的梵谷、懂孫子兵法的甘地。血液裡充滿答案，越來越少的問題能讓他們恐懼。彷彿站在巨人的肩膀上，習慣俯視一切。那自信從容，是這世上最好看的一張臉。

我害怕閱讀的人。因為他們很幸運；當眾人擁抱孤獨、或被寂寞擁抱時，他們的生命卻毫不封閉，不缺乏朋友的忠實、不缺少安慰者的溫柔，甚至連互相較勁的對手，都不至匱乏。他們一翻開書，有時會因心有靈犀，而大聲讚嘆，有時又會因立場不同而陷入激辯，有時會獲得勸導或慰藉。這一切毫無保留，又不帶條件，是帶親情的愛情，是熱戀中的友誼。一本一本的書，就像一節節的脊椎，穩穩的支持著閱讀的人。你看，書一打開，就成為一個擁抱的姿勢。這一切，不正是我們畢生苦苦找尋的？

我害怕閱讀的人，他們總是不知足。有人說，女人學會閱讀，世界上才冒出婦女問題，也因為她們開始有了問題，女人更加讀書。就連愛因斯坦，這個世界上最聰明的智者，臨終前都曾說：「我看我自己，就像一個在海邊玩耍的孩子，找到一塊光滑的小石頭，就覺得開心。後來我才知道自己面對的，還有一片真理的大海，那沒有盡頭。」讀書人總是低頭看書，忙著澆灌自己的飢渴，他們讓自己是敞開的桶子，隨時準備裝入更多、更多、更多。而我呢？手中抓住小石頭，只為了無聊的打水漂而已。有個笑話這樣說：人每天早上起床，只要強迫自己吞一隻蟾蜍，不管發生什麼，都不再害怕。我想，我快知道蟾蜍的味道。

我害怕閱讀的人。我祈禱他們永遠不知道我的不安，免得他們會更輕易擊垮我，甚至連打敗我的意願都沒有。

我如此害怕閱讀的人，因為他們的榜樣是偉人，就算做不到，退一步也還是一個，我遠不及的成功者。我害怕閱讀的人，他們知道無知在小孩身上才可愛，而我已經是一個成年的人。我害怕閱讀的人，因為大家都喜歡有智慧的人。我害怕閱讀的人，他們能避免我要經歷的失敗。我害怕閱讀的人，他們懂得生命太短，人總是聰明得太遲。我害怕閱讀的人，他們的一小時，就是我的一生。我害怕閱讀的人，尤其是，還在閱讀的人。

記住我、選擇我、替我傳

- 不要只關注自己有什麼，產品的核心賣點是什麼，要從為用戶解決問題的角度進行深度思考，想想自己能為顧客帶來什麼價值、解決什麼問題。
- 內文說動人的五種方法：暢銷說動法、名人效應說動法、權威背書說動法、前後對比說動法、助推說動法。
- 暢銷說動法：實驗證明，即使面對一些錯得離譜的事情，七四％的人也會從眾。
- 名人效應說動法：對新品牌來說，快速打開市場的方式之一就是借助名人效應。將名人的背書嫁接到你的新品牌上，實現信任的遷移，讓顧客覺得購買你的產品是有保證的。
- 權威背書說動法：權威就等同於超級信號，能夠瞬間獲得消費者的信任，說動他們進行購買。

◆ 前後對比說動法：健身俱樂部、減肥產品等，常採用這種來提高業績。其精髓是，前後差異要足夠大。

◆ 助推說動法：不用強制手段和硬性規定，卻能保證目標群體同時收穫最大利益和自由選擇權。如男廁內不貼標語改貼蒼蠅的貼紙。

03 所有的銷售，都只為了成交

品牌行銷的最終目的就是賣貨：溢價賣、立刻賣、加速賣、一直賣。

這一步執行得怎樣，直接影響到轉化率。標題寫得再好，文案寫得再動人，只要這一步沒有做好，也會前功盡棄，到頭來叫好不叫座。

而我們的廣告，要先叫座，再叫好。具體到實際操作方法上，可以從「引導下單、錨定效應、限時優惠、損失趨避」這四個層面入手。在這裡我不做太多說明，在下一節會結合具體案例進行講解。

記住我、選擇我、替我傳

◆ 品牌行銷的最終目的就是賣貨：溢價賣、立刻賣、加速賣、一直賣。

04 讓消費者轉變成你的傳播者

我們創作的文案，既是賣貨文案，也是促使別人「替我傳」的一個超級資訊壓縮包。只有做到這一步了，才能引發裂變效應，取得指數級的增長。所以從一開始，我們就要帶著這種戰略思維來想廣告語和文章標題，設計一句促使消費者替我傳的話語。

羅振宇曾在「啟發俱樂部」[6]裡講了一個震撼人心的文案賣貨故事，帶給我不小的啟發。

說的是華為員工陳盈霖，向得到推薦華為雲服務的事情[7]。最終，羅振宇被

6 知名知識付費得到 App 團隊所推出的一檔線下知識型脫口秀節目。羅振宇以及受邀嘉賓會在節目中分享他們透過讀書、聽課、遇見的人等方式所受到的「啟發」。

7 指陳盈霖用一封郵件，輕鬆的拿下了羅振宇幾千萬的訂單，讓羅振宇放棄阿里雲，轉投華為的懷抱。

對方說動，提出了兩個合作條件：第一，陳盈霖或者同等水準的業務高手，要入職得到，幫得到做好服務。第二，華為雲組織一個企業服務教練團，幫助得到把企業服務能力提高到一定水準。

結果當天晚上，華為的人就聯繫了羅振宇，敲定後續合作事宜。

策略思維的核心就是，從對方的角度去思考問題。就像蘇世民在他的書中所說的：「處於困境中的人往往只關注自己的問題，而解決問題的途徑通常在於你如何解決別人的問題」。

讓我們用「快速賣貨文案四步法」，復盤一下陳盈霖的行銷策略。

第一步：標題吸引人。雖然陳盈霖寫的整個郵件的標題，我目前還沒機會看到，但絲毫不影響這篇文章的吸引力，因為裡面很多內容都可以當成標題來用。如「我們不是要『掙客戶的錢』，而是要『幫客戶掙錢』」這句話，就可以理解為一個足夠有吸引力的標題。

第二步：內文說動人。這一步核心策略，就是站在對方的角度思考問題，透過文案的力量獲得信任，化解對方的潛在顧慮，讓對方放心的選擇你的商品、選擇你的品牌、選擇你的服務。陳盈霖的郵件看似風輕雲淡，實則在步步緊逼，有節奏的說動目標客戶。這也正是修辭學的厲害之處。

第三，讓人立刻買。這篇賣貨文案的高明之處就是採用助推的手法，通篇都沒有催單，卻達到了比催單更好的效果。

這也是人性使然，賣貨文案能不能賣貨，就看你對人性洞察得深不深，尤其是你的目標客戶的痛點。但凡賣貨的文案，對人性研究的都比較透徹，也抓準了目標客戶的痛點。

羅振宇不但當著現場所有觀眾的面，還以直播的形式，表達出強烈的買單意願。雖然在博奕中，也提出了兩個條件。但我相信，這對於華為來說，根本不是什麼問題。一定會得到完美的解決。因為華為考慮的不是眼前的一錘子買賣，而是長期主義，終身搞定羅振宇這個客戶，讓羅振宇一輩子都在心裡惦記著華為。大家看看，是不是刺激信號越強、引起的行為反射就越大。

不知道陳盈霖是不是也深入研究過巴夫洛夫的「經典條件反射學說」，和「兩套信號系統學說」。無論怎麼看，他給羅振宇的藥方裡，都有經典刺激反射的味道。

第四，讓人替我傳。這一步的關鍵是，把原本「向我買」的消費者轉變成

「替我傳」的傳播者，或是「替我賣」的銷售者，從而實現裂變式增長。在這個案例中，華為的這篇賣貨文案，就引發了羅振宇的替我傳行為，也引發我的替我傳行為。

記住我、選擇我、替我傳

- 賣貨文案能不能賣貨，就看你對人性洞察得深不深，尤其是你的目標客戶的痛點。
- 快速賣貨文案四步法：標題吸引人、內文說動人、讓人立刻買、讓人替我傳。

第三篇

替我傳

第八章

「替我傳」的心理學

替我傳播我的品牌、產品、服務、價值、故事等能為我帶來收益的事情。這種收益可以是物質的，也可以是精神的。

01 3M裂變模型，路人變粉絲

替我傳的核心是把原本向我買的消費者，變成替我傳的傳播者，或者替我賣的銷售者，從而實現病毒式的裂變傳播和爆發式的持續增長。

我們舉個例子。比如電商拼多多的策略，就是在用戶「記住我」（拼著買更優惠）以後，在用戶有了需求時，讓用戶主動的「替我傳」（透過給親朋好友發連結，替拼多多免費傳播），並讓用戶的親朋好友也「選擇我」（選擇拼多多App和其推薦的拼多多產品）。用戶的每一次購買，都能形成這樣一個循環式的增長。這也是典型的3M裂變模型（見左頁圖27）。

3M裂變模型，是基於持續為顧客創造價值的「戰略增長＋戰略行銷＋品牌護城河」，三位一體的戰略行銷模型。

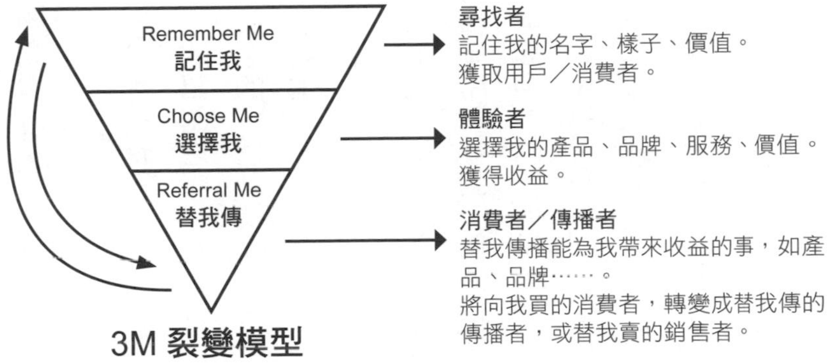

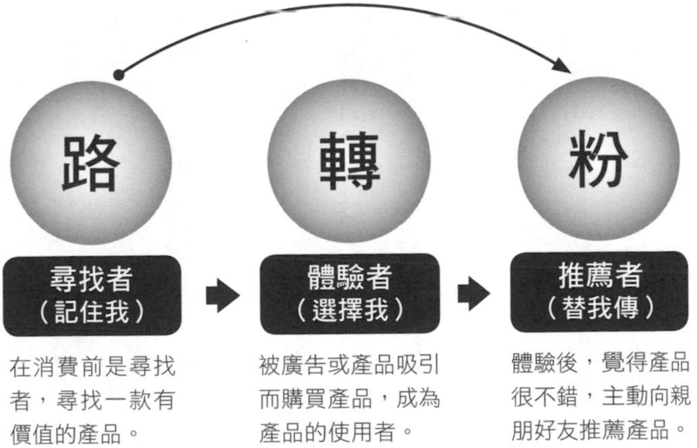

▲圖27　3M 裂變模型，路人轉粉絲。

因被偷而爆紅的《蒙娜麗莎》

說起《蒙娜麗莎》，很多人都知道它是世界名畫，是羅浮宮（Musée du Louvre）的鎮館之寶。我也曾特地去羅浮宮一飽眼福。但如果要問《蒙娜麗莎》是怎麼成名的，估計知道答案的人不多。要搞清楚這個問題，就要從一起震驚世界的盜竊案說起。

在一九一一年八月二十一日的盜竊事件發生之前，《蒙娜麗莎》在世人眼裡只是很普通的一幅畫，普通到遺失的當天根本沒人發現。直到第二天，一個清潔工在打掃廁所時撿到一個油畫框，於是便向專家請教，這才發現這個油畫框是屬於《蒙娜麗莎》的。於是整個羅浮宮瞬間炸鍋了，大家回過神來才發現，原來在前一天，《蒙娜麗莎》就已經悄悄「出宮」了。

這個消息一經流出，各大報社的編輯瞬間就坐不住了，不光是在各種報導中添油加醋，甚至有不少報紙為了搏版面，還玩起了惡搞。對於靠嗅覺吃飯的各大報社來說，這個時候的蒙娜麗莎已經成了超級流量詞，只要標題裡帶上這四個字，閱讀量瞬間就能破十萬。在各大報社推波助瀾的狂轟濫炸之下，《蒙娜麗莎》被盜的消息，成為轟動全社會的頭條新聞。一夜之間，《蒙娜麗莎》紅遍全國。這要是放在今天的企業品牌行銷中，想要讓全國人民都知道你的事情，沒花費幾十億的廣告費，想也別想。

於是，很多報社裡閒不住的「段子手」[1]紛紛出手。有的說是猶太黑手黨（Jewish-American organized crime）偷走的、有的說是畢卡索偷走的，還有的說是德皇威廉二世（Wilhelm II von Deutschland）策劃的盜竊。從巴黎到倫敦，從紐約到羅馬，全球媒體的頭版頭條都是關於《蒙娜麗莎》被盜的消息。

這還沒完，《蒙娜麗莎》被盜的故事還被編劇們改編成了喜劇，在各大夜總會上演，相關喜劇經常是一票難求。當然，很多企業家也嗅到了其中的商機，比如，有個香菸公司就把此事當成了廣告素材，結果香菸公司的香菸銷量直線上升。據說，在《蒙娜麗莎》被盜後，光是每天慕名前來，只為看牆上掛畫的那幾顆釘子的人都絡繹不絕，人們紛紛在羅浮宮排起了長長的隊伍。

一九一三年，也就是被盜兩年後，這幅被達文西（Leonardo da Vinci）採用

1 指寫段子的人（英文 punster），與作家差別在於段子手大都以副業的形式存在。

「無界漸變著色法」[2]畫的人物，微笑中帶有八三%的高興、九%的厭惡、六%的恐懼、二%憤怒的《蒙娜麗莎》，再次被掛到羅浮宮的牆上時，已經成了名副其實的世界第一名畫。當然，也毫無爭議的成了羅浮宮裡眾多名畫中，最耀眼的一幅畫。

在一九六二年，《蒙娜麗莎》以高達一億美元的保額，創下了金氏世界紀錄（Guinness World Records）。二〇一七年，《蒙娜麗莎》的估值接近八億美元。就像我們在第一章講到的名利，所謂名利，名字的後面就是利潤。《蒙娜麗莎》之所以能成為天價中的天價，世界名畫中的名畫，最關鍵的原因，還是全球各大報紙和廣大群眾的「替我傳」在發揮巨大的威力，一傳十、十傳百、百傳千，從巴黎傳到倫敦，從紐約傳到羅馬，從東京傳到北京，將《蒙娜麗莎》傳成了全天下人都知道的世界名畫。

所以說，一個普通人能不能成為名人，一個普通品牌能不能成為超級品牌，主要取決於有多少人會替我傳；一個產品能不能獲得裂變式的增長，取決於有多少人會替我傳，取決於我們能把多少向我買的消費者，轉變為替我賣的銷售者。

那大家有沒有想過，別人和我們非親非故的，為什麼要替我傳？我把其中的原因總結為十二個字：社交貨幣、互惠互利、傳播沸點。在《蒙娜麗莎》的傳播鏈條裡，僅僅使用了社交貨幣，就讓《蒙娜麗莎》傳成了全球第一名畫。這十二個字要是一起用，那威力能有多大。其實不光全球很多成功的品牌是這麼做的，很多宗教也是這樣發展起來的。只是這個互惠互利，並不一定非要是物質上的互惠互利，很多時候也可以是精神上的。這十二個字，也就是後續我們會講到的「引爆別人替我傳的三個心理學原理」。

記住我、選擇我、替我傳

◆ 引爆別人替我傳的三個心理學原理：社交貨幣、互惠互利、傳播沸點。

2 指漸隱法繪畫技法。

02 晒娃、晒自拍、晒美食，都是社交貨幣

品牌就是一種社交貨幣。

衡量你的品牌是否成為社交貨幣的方法之一，就是看有沒有消費者願意和你的商品合影、將照片分享到朋友圈。

從這個角度來講，耐吉是，李寧不是（儘管李寧的 Logo 看起來和耐吉的 Logo 很像）；茅台是，青花郎不是（雖然青花郎一直在標榜自己是中國兩大醬香白酒之一）；星巴克是，瑞幸咖啡不是；蘋果是，OPPO 不是。

用我前面講到品牌的三層定義：產品的牌子、企業和消費者的超級信號、贏得人心的道來看，你就會發現，李寧、青花郎、瑞幸咖啡等，還都處在產品的牌子階段；而耐吉、茅台、星巴克、蘋果、華為等，已經成功的贏得人心，進入了品牌的最高境界「道」的階段。

道，就像是品牌無形的印鈔機，社交貨幣就是其中的一個幣種。消費者購買

的不是商品，是社交貨幣。消費者購買的不是商品，是符號、是信號、是故事、是能夠引起別人替我傳的社交貨幣。消費者希望透過購買你的商品，來替他發送信號，從而引起人們的關注，獲得社交貨幣。試想一下，女神們購買LV包包是為了裝東西嗎？帥哥們開著跑車去酒吧是為了代步嗎？人們購買最新款 iPhone 是因為新款 iPhone 通話品質更好嗎？都不是，所有這些行為，都是為了透過商品發送信號，引起別人的關注，從而獲得社交貨幣。

哈佛大學的神經學家研究發現這樣一個祕密，共用個人觀點時的腦電波，與獲得財物和食物時的腦電波一樣。這個發現恐怖吧。這就好比，你在昨晚的應酬上不知道豪飲了多少瓶高粱。早上清醒過來，你忍不住滑手機找了幾張帶有高粱 Logo 的照片準備發到社群，就在按下發送按鈕的這一刻，你的大腦產生的快感，和再喝一瓶高粱所產生的刺激幾乎完全一樣。

這也就是為什麼我們的社群裡，總有一些人在瘋狂的晒娃、晒自拍、晒美食、晒書、晒雞湯、晒肌肉。這些能讓他人認同、羨慕、嫉妒、討論的內容，都是社交貨幣。品牌在社交貨幣的推波助瀾下，快速實現一傳十、十傳百、傳遍全國、全世界。每一枚社交貨幣，承載的都是一份信任。

社交貨幣蘊藏的最大威力是口碑效應。透過社交貨幣，商家可以成功的戰勝「信任不自傳」這條惡龍，讓信任以貨幣的方式口口相傳、自由流動。行銷的最高境界就是發動別人替我傳。

在一般情況下，消費者的資訊來源主要是硬廣和軟廣，來自親朋好友的軟廣是最有力的硬廣，會對消費者的購買決策起到關鍵作用。

科學家研究顯示，當親友向人們推薦產品時，人們大腦中負責理性評估的區域就會自動關閉，而負責社交情感的腦區卻異常活躍。這個時候，人們用感性代替了理性。因為親友在為我們推薦產品時，是在用他們的個人信用做擔保，我們會直接把親友的信用轉嫁到產品上。而這和人們看到廣告時的大腦活動完全相反，人們對廣告具有很強的免疫力，看到廣告時首先會進行理性評估，同時在潛意識裡會排斥。而熟人的推薦，就可以輕輕鬆鬆的讓商品繞過人們的大腦防線，直接引發購買行為。

記住我、選擇我、替我傳

- 品牌就是一種社交貨幣。衡量品牌是否成為社交貨幣的方法之一，就是看有沒有消費者願意和你的商品合影，並將照片分享到朋友圈。
- 人們對廣告具有很強的免疫力，看到廣告時首先會進行理性評估，同時在潛意識裡會排斥。而親友的推薦，是在用他們的個人信用做擔保，我們會直接把親友的信用轉嫁到產品上。

03 拿人手短，吃人嘴軟的互惠互利原理

利益驅動的方式有很多種，在這裡我們主要聊聊在品牌行銷中，非常重要且經常會用到的一種情感觸動原理——互惠互利原理。

有一段時間，我經常看到朋友圈有人發某外送的連結，心想，這哥們兒是手機壞了，還是入職某外送公司了。直到有一天，我在某外送平臺點餐付完款後才發現，這哥們兒手機肯定沒壞、也沒入職某外送公司，而是被某外送平臺的互惠活動給馴服了。

原來，在付完款後，手機螢幕會彈出一個小視窗，提醒人們分享此連結可得紅包，折抵現金。這就是常見的透過互惠，讓消費者替我傳的一種。

當然，互惠是人的天性，人們天生不愛欠別人；互惠是禮尚往來，是我們人類的一種美德。對方幫過你一個大忙，或者請你吃了一頓大餐，你心裡就老想盡快回請對方。要不然，你就要承受心理的壓力。和這種潛意識中時刻存在的壓力

比起來，互惠才是最好的解。

在前面我們曾講到商業的本質是交易，交易的本質是互惠，品牌的本質是降低交易成本。

要想透過品牌降低交易成本，我們要先戰勝兩條惡龍：一條是資訊不對稱，另一條是信任不自傳。信任的傳遞需要互惠，對買方來說就是值得買，花錢買來的貨物能帶來預期的價值；對賣方來說就是賣到好價錢，我的好貨賣出了應有的價格。

正是因為有了交易，人們才能開始協作，人類文明才得以形成，人類社會才可以高速發展。如果沒有互惠系統，就無法建立人和人之間的信任，沒有信用體系，那基於信任的商業體系就無法形成，整個社會的交易成本就會非常高。著名的考古學家理察·李奇（Richard Leakey）曾說：「我們能夠成為人類，是因為我們的祖先學會了，在一個公平的互惠網絡中分享他們的美食和技能。」他認為，人類之所以成為人類，完全要歸功於互惠系統。

對消費者來說，最大的互惠就是商家專心把東西做好，讓消費者花的每一分錢都物有所值。現實的情況是，很多商家不明白這一基本邏輯，花盡心思想彎道超車，想怎麼透過互惠的方式裂變、拉新[3]、搞流量池[4]，結果最後落得一地雞毛，其中最典型的就是瑞幸咖啡。一門心思搞流量池、裂變、發紅包，互惠的手法一波接一波，層出不窮，卻忘記了互惠的根基，忘記了好喝是咖啡的根本，商家照此繼續下去，還不如改名叫「流量池咖啡」來的直接。

「分享賺錢」已經成為很多企業的行銷基本，大到千億美金市值的拼多多，小到路邊的小餐廳，都深諳透過互惠實現替我傳的絕招。

拼多多的起手式，就是透過互惠替我傳（使用者發某款產品的連結給他的好友，讓好友幫忙砍價），迅速獲得大量種子用戶，從而讓拼多多在短短五年內，成長為市值超過千億美元（二〇二〇年十二月十八日市值約一千八百三十一．七六億元）的上市公司，其年平臺交易額更是達到一兆多元，拼多多也迅速發展成為中國第二大電商平臺。也不知道創辦人黃崢同學這招替我傳的砍價本領，是不是和老師段菲特學的。

如果你再稍微留意一下，透過互惠互利達到替我傳的方式幾乎是無處不在。過春節，支付寶會要你拉上親朋好友「集五福」瓜分億萬紅包；刷微信，你經常會看到朋友圈求讚的廣告等。

記住我、選擇我、替我傳

◆ 商業的本質是交易，交易的本質是互惠，而品牌的本質則是降低交易成本。

◆ 對消費者來說，最大的互惠就是商家專心把東西做好，讓消費者花的每一分錢都物有所值。

3 指透過各種手段為產品不斷導入新用戶。

4 獲取流量，並透過流量的存儲、運營和發掘，再獲取更多的流量。

04 活用「沸點原理」，刺激顧客

傳播沸點理論，其理論核心說的是，任何傳播要想達到別人主動替我傳的境界，傳播素材都要達到社交貨幣和互惠互利的沸點，也就是達到峰值體驗，把水燒開。正如雷軍所說：「燒開水時，哪怕你燒到攝氏九十九度也沒用。水唯有沸騰之後，才有推動歷史進步的力量。」

在認知神經科學中，有一個專有名詞叫「刺激閾值」，指的是釋放一個行為所需要的最小刺激強度。十九世紀，出生於德國威登堡的生理學家恩斯特·韋伯發現，引起人們行為反射所需要的刺激變化量與刺激強度有直接關係。刺激越強，引起的行為反射就越大。為此，他還提出了一個著名的韋伯定律。即感覺的差別閾限隨原來刺激量的變化而變化，而且表現為一定的規律性，用公式來表示，就是$\Delta\Phi/\Phi=C$，其中Φ為原刺激量，$\Delta\Phi$為此時的差別閾限，C為常數，又稱為韋伯率。

簡單說就是，如果你想透過社交貨幣，或者互惠互利讓消費者實現替我傳，那就需要你提供的貨幣或者利益的刺激足夠強。很多企業的品牌行銷之所以沒有達到替我傳的效果，就是因為提供的傳播素材刺激強度不夠，要麼是「貨幣面值不夠大」，要麼是提供的利益很雞肋，根本無法刺激人們分泌多巴胺。

舉個例子。比方說情人節這天，你帶女友去一家新開的餐廳吃飯，正準備結帳時，服務員說：「帥哥，您本次總共消費兩百元，如果您拍張帶我們店Logo的照片，並分享到臉書的話，可以現折四元。」我想，你應該會笑一笑，然後告訴服務員，還是按原價結帳吧。結完帳，你和女友還會議論這件事，你可能會說：「這服務員真可笑，難道我們的一則分享就只值四元？」這就是這家店留給顧客的第一印象。

你看，這就是利益驅動明顯沒有達到替我傳沸點的情況，顧客也當然不會替我傳了。

正確的操作應該是這樣：當你喊完服務員結帳時，服務員走過來，並在不經意間拿出一朵玫瑰花送給你們，微笑著說：「祝帥哥和美女情人節快樂，您本次消費總共兩百元，我們新店剛開幕，為了感謝您的照顧，現在您只需要拍張有我們店 Logo 的照片並分享到您的臉書，我們會現折四十元，您只需要付我們一百六十元即可。」

我想，這回你有超過九九%的機率，會毫不猶豫的掏出手機，拍兩張美照分享到臉書。當然，你順帶還會把服務員送你們的玫瑰花也拍進去，並配上美美的文案。

到這裡還沒完，服務員又掏出兩張面值四十元的優惠券送給你，微笑著說：「歡迎帥哥和美女常來，這八十元的優惠券，是我們的一點小小的心意，您下次來可以直接折抵現金。」

第二個操作是不是很厲害？這裡不但熟練的運用了傳播沸點理論，還三管齊下，先是用玫瑰花進行情感觸動，接著給予打八折的利益驅動，最後更是來了一把峰終定律[5]，為你們這次用餐，畫上一個圓滿的句號。這三招下去，不能實現替我傳才怪，這家店生意興旺也就順理成章了。

在實際的行銷中，很多時候我們都需要打組合拳，拳拳到肉、環環相扣，從而深度綁定顧客，實現把陌生人變成熟人，熟人變成客戶，客戶變成信徒的目標。而實現這些目標的起點，就是找到傳播的沸點，先把水燒到攝氏一百度。

記住我、選擇我、替我傳

- 想透過社交貨幣或者互惠互利讓消費者實現替我傳，你所提供的貨幣或者利益的刺激必須足夠強。

5 Peak-End Rule，人們對於一件事物的記憶好壞，取決於高峰和結束的感覺。

第九章

讓人們「替我傳」的四種方法

想要創作出讓別人替我傳的超級視覺信號，和超級聽覺信號，你得把你想讓人們「替我傳」的資訊，壓縮到一個符號、一個口號、一個名字，以及嫁接到一個故事裡。

01 把資訊壓縮到一個符號裡

在這個實戰案例中，我運用「超級信號四步法」來給大家進行講解。看完這個案例，你會對「戰略定位、品牌戰略、三王戰略定位法、品牌尋寶、超級信號編碼、媒介即信號」這幾個知識有比較系統、深入的理解。

打造超級品牌的超級信號四步法

這裡所說的超級信號四步法，分別是指打破資訊差、建立信任鏈、超級信號編碼、發射超級信號。詳細說明如下：

◈第一步，打破資訊差。

我們經常會遇到這樣的情況：明明這個商品很好，可是它就是賣不了好價錢，甚至是賣不動。這是為什麼？從經濟學角度來講，核心原因就是資訊不對稱。你所有的好，只有你自己知道，顧客根本無從知道。換句話說，你能解決多大的資訊差問題，你的企業市值就有多大。比如優步（Uber）解決的是「司機和乘客」之間的資訊差問題，美團[1]解決的是「商家和顧客」之間的資訊差問題，HOT大聯盟中古車解決的是「買家和賣家」之間的資訊差問題。

著名的經濟學家喬治・阿克洛夫（George Arthur Akerlof）曾深入研究交易中的資訊差問題，並在一九七〇年發表了論文《檸檬市場：品質不確定性和市場機制》（*The Market for Lemons*），這篇論文為他贏得了二〇〇一年的諾貝爾經濟學獎，他和其他兩位經濟學家一起奠定了「資訊不對稱理論」（Asymmetric Information theory）的基礎。他在論文中就特別舉了一個二手車市場的案例。

具體到實際操作中，最關鍵的一步就是找到資訊差、打破資訊差，跨越企業和顧客之間的認知鴻溝。以現代支付為例，經過調查研究我發現，當時主要存在

1 為中國一家面向當地消費產品以及零售服務（包括娛樂、餐飲、送貨、旅行和其他服務）的中文購物平臺。

三大資訊差問題：

第一，業務與戰略之間的資訊差。一般來說，這種資訊差就是把公司說小了，你明明是個「西瓜」，可在顧客眼中卻是個「芝麻」。而這個芝麻的認知一旦形成，就很難改變。當時，外界對現代支付的認知還普遍停留在收單[2]方面，他們覺得，現代支付只是協力廠商支付行業裡，排不上名號的收單公司，這與企業當時的現狀嚴重不符。

第二，形象與實力之間的資訊差。在我第一次與現代支付公司高層訪談時，對方曾自嘲說：「目前公司的宣傳資料拿出去，別人還以為我們是山寨版的現代支付」。順便說一句，支付行業確實存在不少山寨的情況，比如有些代理商冒充支付公司，有些分公司冒充總部。現代支付雖然已經發展了九年，但外界對其卻知之甚少。在調查中有不少人都是第一次聽說這個公司，我也是在二〇一八年末，才第一次知道這個公司。

第三，品牌與認知之間的資訊差。透過調查我了解到，在一些代理商心中，現代支付非常「高冷」和「佛系」，常對代理商愛理不理。這就形成了現代支付品牌與代理商認知之間的資訊差。

以上，就是我在當時找到的三種主要資訊差。那麼如何彌補這些資訊差呢？我給出的解決方案就是「三王戰略定位法」。

帶著這三種資訊差問題，在對現代支付的資源稟賦進行了充分的分析之後，我得出了結論——現代支付應該採用三王戰略定位法中的「新王」戰略定位。新王戰略的核心是，繞開行業中的國王和王爺，開闢一條新的賽道，成為這個新賽道的王者。

也就是說，只有在你重新定義的賽道，你才有可能實現彎道超車，才有可能以最快的速度甩開對手、掌握主動權和定價權。為什麼要採用這個戰略定位？因為在這條賽道上，比賽規則都是你定義的。只要你堅持在這個賽道上勤奮耕耘，不東張西望、停滯不前，堅持三、五年後，你就沒有對手，而只有跟隨者。

在此基礎上，我提出「支付＋」的新王戰略定位：支付＋能源（聯動其集團公司「中國國際能源」進行產業協同發展）、支付＋出行（圍繞其集團公司中能

2 所謂收單業務，是指收單機構向特約商店提供的信用卡交易清算服務。持卡人在特約商店刷卡消費，收單機構從特約商店得到交易單據和交易資料，扣除手續費後付款給特約商店。

源加油站產業，加碼「大出行」業務，實現B端和C端的協同作戰）、支付＋金融服務（供應鏈金融、普惠金融、收單、互聯網支付、跨境支付等金融服務），改變以往單一的協力廠商支付定位。

如果現代支付還是選擇單一聚焦協力廠商支付的傳統路線的話，將很難在與拉卡拉[3]等協力廠商支付行業巨頭的競爭中獲得優勢，傳統路線帶給使用者和代理商的認知也是模糊的，最後傳遞給市場的形象，也會是故步自封的跟隨者形象。而採用「支付＋」這一新王戰略定位，現代支付可以成功的避開和支付寶、微信支付、拉卡拉等行業巨頭在紅海中的正面競爭，從而形成自己的獨特優勢，也就有機會開創出一片屬於自己的藍海。在這片藍海裡，你掌握著絕對的控制權，整個遊戲規則都將由你來定義。

我們可以結合麥可．波特（Michael Porter）的「五力分析」來理解「支付＋」這一戰略定位，這一戰略定位的本質，就是透過一整套獨特的經營活動構建起自己的護城河，再透過提升經營效率和競爭戰略，從而獲得競爭優勢，最終實現綜合成本和利潤的雙領先。

在這一戰略定位和這套獨特的經營活動實施的第一年，現代支付的業務量實現了翻倍增長，由二〇一八年的五千多億元，增長到二〇一九年的一萬多億元，成為支付行業名副其實的新王。同時，現代支付也成功的繞開了支付寶、微信支付、拉卡拉等行業巨頭，在顧客心智中成為獨特的存在。

在戰略定位的工作中，現代支付執行長李中冠，給予了我全方位的支持和幫助，再次感謝李總和其團隊。

我們來總結一下，三王定位法的核心是：通常在不改變企業「硬體」的情況下，根據企業自身的資源稟賦，僅僅透過戰略定位的方式，就能讓一家企業在顧客的心智中成為獨特的存在，繼而開創一片屬於自己的藍海，讓企業成為該領域的國王、王爺或者新王。

也就是我常說的：要麼成為第一、要麼綁定第一、要麼成為唯一。**這世界，人們八五%以上的關注點都集中在第一和唯一身上。**

現代支付透過「支付＋」的戰略定位，不僅立竿見影的實現了業績翻倍增長，也讓企業的品牌認知，從之前的行業尾部，一躍成為行業第一（能源＋出行

3 中國一家金融服務的上市企業。

＋支付，這是其他支付公司無法同時具備的資源稟賦）。現在，公司的高階主管出去談業務，腰桿子都比以前直了很多。

◈第二步，建立信任鏈。

在這一步中，最關鍵的工作就是尋找讓對方相信你、選擇你的理由，將戰略定位坐實。在具體操作方法上，我把它總結為「品牌尋寶」。也就是發現企業與生俱來的戲劇性，並把它最大化。品牌尋寶從內部尋寶和外部尋寶兩方面入手。

品牌尋寶＝內部尋寶＋外部尋寶。

內部尋寶，主要從企業的發展史、創辦人、產品、使用者故事、護城河等幾個方面尋找。比如第二章曾講到，德芙找到的寶藏就是其創辦人的愛情故事。

外部尋寶，尋找適合自身的超級信號原型。比如在第一章講到的馬雲，找到《一千零一夜》中的阿里巴巴這個超級信號原型。

這一步，最難做到的往往就是取捨，它需要我們透過現象洞察本質，而這則需要戰略眼光，我們不能只停留在三、五年的眼前階段，而要從五十年、一百年這樣的時間跨度來思考，從百年品牌來布局。

在經過多輪「勘探挖掘」後，我最終將眼光鎖定在8，和現代支付的英文modern pay上。這恰好也是現代支付與生俱來的戲劇性，是它的品牌DNA，是藏在它身上的巨大寶藏（見下頁圖28）。

8這個阿拉伯數字，在國內外都非常有辨識度。看過《星際大戰七部曲：原力覺醒》（*Star Wars: The Force Awakens*）的朋友對於BB-8一定不會陌生，BB-8的外形就是8。不光是成年人，就連還沒上幼兒園的小朋友也認識這個數字。你之前可能並不知道現代支付這個公司，但當看到8這個符號時，你可能會瞬間有熟悉感。讓一個新品牌瞬間成為大部分人都熟悉和喜歡的老朋友，這就是超級信號的威力。而在東方文化中，八的發音與發（fa）相似，透過八，大腦很容易聯想到發財、賺錢等金融屬性，這就和現代支付的金融行業屬性緊密聯繫上了。

八這個數字也是好運和吉祥的象徵，北京奧運會開幕式選在二〇〇八年八月八日晚上八點八分八秒準時開幕。全球矚目的奧運盛會都是以八為起點，由此可見八的非凡魅力。

所以，當人們第一眼看到8這個符號時，大腦中的集體潛意識就會被瞬間啟動，將我們的信號能量放大一百倍，從而實現一大於一百的傳播效果。

我們的一切創作，都要始終圍繞著「解決資訊差、建立信任感」這個最終目的。在一切傳播中，我們要始終服務於「降低信號損耗、放大信號能量」這個最終目的，並且要隨時回到原點思考，一切傳播的思考，都是基於在傳播過程中的信號損耗。

找到了合適的信號原型，接下來需要重點思考的就是，怎麼讓原型為我所用，成為我的私有品牌資產。將信號原型變為私有品牌資產的過程就是品牌嫁接，即把超級原型信號嫁接到我的品牌中，讓超級原型成為我

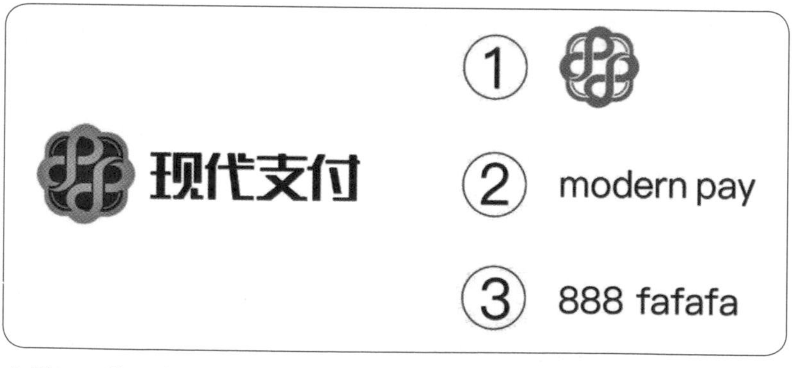

▲**圖28**　將 8 和 modern pay 確定為視覺設計的戲劇性所在，左方為現代支付原來的 Logo。

的私有資產。

第三步，超級信號編碼。

一切傳播都是信號的編碼與解碼，其具體原理和方法，可以結合我們在第一篇講到的，超級信號記憶法中的編碼、解碼、儲存來理解，在這裡不再贅述。在超級信號編碼這一步，最重要的是如何把找到的超級信號原型，和消費者大腦中已經存在的編碼，進行重新解碼和再編碼，並把它私有化，使其成為我們專屬的品牌資產。這一步，考驗的就是我們「手藝人」的執行能力。具體到現代支付這個案例中，我們要完成三組超級信號編碼：超級視覺信號編碼、超級聽覺信號編碼、品牌資產信號編碼。

以下是我為現代支付公司，創造超級視覺信號編碼的過程。在具體執行時，我先讓國際4A廣告公司[4]出身的設計師負責執行設計，發現怎麼設計都差那麼一點思，要麼是美感不夠、要麼是信號能量不強。最終我決定親自動手，現在應

4 The American Association of Advertising Agencies 的縮寫，中文為「美國廣告代理商協會」。

用的這個版本就是我設計的。

大家可以看到，之前版本的Logo，也有挖到8這個寶貝。只是對8這個符號的使用非常牽強，沒有任何活力和戲劇性。8是我要重點傳承的品牌資產，我要將它與生俱來的戲劇性發揚光大，為它注入原力和活力，使它成為人見人愛的超級信號，並將這個8建設成為現代支付的超級品牌資產，就像麥當勞的M一樣，為企業不斷獲得認知優勢，帶來源源不斷的複利效應。

在現代支付的這個Logo編碼中，我壓縮進了強大的資訊能量和情感能量。在給現代支付的員工做品牌培訓的過程中，我只需要講一遍這個品牌設計的主要內容，就能有九〇%的聽眾記牢。

在圖形部分，我採用了扁平設計，更適合當下的傳播環境（如互聯網、手機等），即使Logo放的再小，也能瞬間識別。Logo出來後，我做了大量的測試。去飯店吃飯時，我問飯店的服務員這是什麼，他說是8。走在大街上，我碰見清潔工，掏出手機，問：「您認識這個Logo嗎？」起初，別人還以為我有病，解釋是市調後，對方才露出笑容。回到家，我問三歲的女兒這是什麼，她想都沒想就告訴我：「爸爸，這是8啊」。現代支付執行長李中冠的兒子，在家裡看到這個8字徽章也特別喜歡，當場就別在了自己身上，從此這個徽章就這樣被「扣留」在了他家裡。這就是前面說的，標誌設計中第一個要考慮的就是認知成本和記憶成本，要達到絕大多數人都能認識的程度（見圖29）。

在設計8這個超級符號時，我先是「叫醒」了現代支付之前Logo中躺著的兩個8。你既然叫現代支付，就得有些現代精神，不能總是掛念躺著賺錢的舊時代。很多時候，你拚盡全力都不一定能賺到錢，哪能躺著不動。透過設計手法，我找了一個類似運動員向前（向錢）奔跑的動態角度，讓這個8跑了起來。透過超級視覺信號傳達全力奔跑的企業精神，這也就是Logo 8傾斜的原因（見下頁圖30）。

說完圖形部分，再說說現代支付中「支」

▲**圖29** 在視覺設計中強調「8」的元素。

字的編碼。前面提過，我為現代支付提出的新王戰略定位是「支付＋」，可以看到，這個戰略也編進了Logo 中的文字裡，「支」字的上半部分由＋號組成，是企業戰略的視覺化，只要大家看到這個 Logo，立刻就能聯想到現代支付的支付＋戰略定位。

在業務員介紹公司時，透過一個標誌就能將現代支付的戰略講得清楚明白，也降低了溝通和傳播成本（見左頁圖31）。

而現代支付的英文 modern pay，巧妙的將8和無限符號融入設計中，使它成為現代支付專有的品牌資產，寓意企業對客戶的服務永無止境，對卓越的追永無止境，企業的發展也永無止境（見左頁圖32）。

而這三個設計編碼和諧的融合在一起，同時又主次分明。我給大家講解的先後順序，正是現代支付的品牌資產排序。排在第一位的就是名字和8，也是被

▲**圖30**　在視覺設計中增加動感。

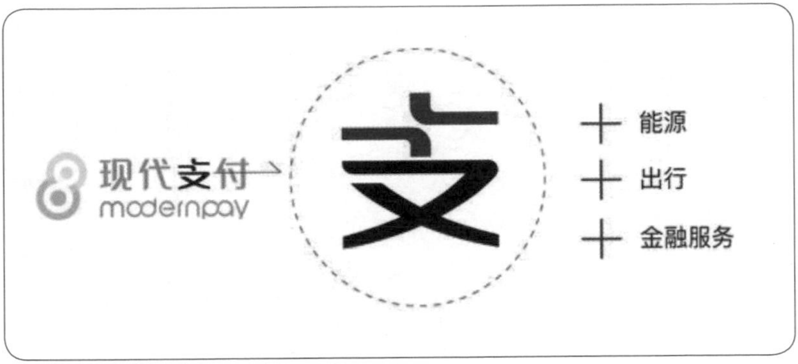

▲圖31　在視覺設計中體現「支付＋」的戰略定位。

▲圖32　將「8」和無限符號融入視覺設計。

大家第一眼就能解碼的，再深入觀察，又可以解讀出支付＋戰略和無限符號（見圖33）。

接下來我們再說說顏色編碼。每一種顏色都有它的心理學功效。現代支付的Logo，主要由紅色、黃色和黑色組成。紅色從物理學來講，是波長最長的顏色，這就意味著在同等情況下，紅色更容易引起人們的注意力。紅色從心理學上來講，能體現一個人的鬥志。根據杜倫大學（University of Durham）的生理學家羅素．希爾（Russell Hill）和羅伯特．巴頓（Robert Barton）對紅色的研究，凡是佩戴紅色護具的格鬥者，要比其他顏色的選手勝率高出將近五個百分點。假設整場比賽有五回合，最終勝率的差異可能會超過三三%，這對於兩個實力相當的對手來說，往往是致命的。紅色，在東方文化中也廣受歡迎，

▲**圖33**　三個設計編碼融合在一起。

紅色象徵熱情、喜慶，同時在股市中紅色又代表上漲，財富的增加。

黃色從生理學上來講，能刺激大腦的海馬迴，對啟動記憶十分有效。從心理學上來講，黃色帶給人一種樂觀、幸福的心理暗示。黃色，在東方文化中，一直就具有財富的寓意和地位的象徵，比如皇帝的龍袍主色都是黃色，黃金也是黃色。同時，全球第二大信用卡國際組織萬事達的 Logo 也是紅黃色，這樣在國際的推廣中，受眾就很容易從 Modern Pay 聯想到 Master Card，在消費者大腦中，Modern Pay 瞬間就和國際品牌關聯起來，實現了借力（見下頁圖34）。

以下是我為現代支付公司，創作超級聽覺信號編碼的過程。我們要打破的第三種資訊差，就是「品牌與認知之間的資訊差」。在被調查研究的B端客戶中，不少人對現代支付的評價是「高冷」和「佛系」。隨著研究的深入，我發現，在很多人看來，整個協力廠商支付行業都普遍缺乏相互信任和人情味，行業運作靠的是利益驅動，而代理商一不小心就會被「套路」和「收割」。

結合「支付＋」的戰略定位，我建議把「＋信任」、「＋溫度」放在品牌層面的統領地位。追本溯源，金融的根是信任，品牌的本質是以低成本的方式讓信任在人和人之間傳遞。在這樣的背景下，我提出了「現代支付，讓支付更有溫度」這句廣告語，也就是現代支付的超級聽覺信號。而在這句廣告語背後，則寄託著公司對品牌的期待。我希望，現代支付能為這個行業注入溫度，在企業和合作夥伴之間、企業和用戶之間、企業和員工之間、企業和監管層之間，一傳十、十傳百、百傳千，傳遍整個行業，就像一棵樹搖動另一棵樹，一朵雲推動另一朵雲，一盞燈點亮另一盞燈，用溫度點亮更多人心，用溫度獲得更多信任。

與此同時，我們還為現代支付設計了吉祥物「小金」，並進行了系列文創產品的開發（見左頁圖35）。透過「助推」的方式，逐步扭轉其在客戶心目中的高冷形象，深化「現代支付，讓支付更有溫度」的品牌認知。

以下是我為現代支付公司創作超級品牌資產

▲**圖34**　現代支付公司視覺設計的配色方案。

信號編碼的過程。

在第二章的〈用一個信號讓人快速記住優勢〉（見第七十九頁）中，我詳細講解了現代支付超級品牌資產信號編碼（101222371.2）的創作過程。透過編碼，我們解決了在第一步中提到的形象與實力之間的資訊差問題。這組信號編碼一經問世，便被發布在官網和眾多媒介上（見下頁圖36）。至此，現代支付

▲**圖35**　吉祥物與相關文創產品。

的三組超級信號編碼就完成了，接下來最重要的工作就是發射超級信號。

◆第四步，發射超級信號。

媒介即信號，媒介本身就是信號的一部分。

在發射超級信號時，最重要的部分就是媒介的選擇。不同的媒介發出的信號能量千差萬別，有的媒介能把信號能量放大一百倍、有的媒介則會把信號能量縮小一百倍。詳細內容在本書第二章的信號能量部分（見第八十八頁）有詳細的講解，在這裡不再贅述。具體到實際操作中，我們可以從「內部媒介」和「外部媒介」兩

▲**圖36**　官網與手機用戶端介面。

方面入手。媒介的選擇和投放的策略，需要極大的智慧。做不好的話，即使砸下大筆資金，也可能連稍許漣漪都看不到。

當時，我根據企業自身的實際情況制定了相關方案。在品牌升級階段，現代支付透過《中國經營報》、《四川省支付清算協會》等外部媒介和內部媒介進行了超級信號發射。

以上，就是一個超級信號誕生的完整案例，也是把別人替我傳的資訊壓縮到一個超級信號中的完整案例。這個案例，透過超級信號完美的解決了現代支付「業務與戰略之間的資訊差、形象與實力之間的資訊差、品牌與認知之間的資訊差」這三大問題。

記住我、選擇我、替我傳

◆ 打造超級品牌的具體方法——超級信號四步法：打破資訊差、建立信任鏈、超級信號編碼、發射超級信號。

02 用口號讓消費者產生共鳴

廣告語的本質在於，透過超級口號解決買賣雙方之間，資訊不對稱的問題，進而降低企業行銷傳播成本，以及消費者的選擇成本。

降低企業行銷傳播成本

在我為錢包生活創作的，「錢包生活，精彩生活多一點」這句超級口號，把錢包生活的核心價值都壓縮進去了。對B端商家用戶來說，錢包生活帶給他們的是，顧客多一點、補貼多一點、收益多一點、利潤多一點、精彩生活多一點……對C端顧客用戶來說，錢包生活帶給他們的是，優惠多一點、美味多一點、驚喜多一點、甜蜜多一點、精彩生活多一點……。

一句廣告語，只要聽上幾次，基本都能記住，能讓人記住，就成功了一大半，記住的人越多，被選擇的機率就越大。能讓人記住，也就意味著消費者在有了此類需求時，大腦中首先浮現的就是你。總結來說，這一塊的內容在記住我和選擇我篇中有詳細的講解，在這裡我們點到為止。

降低消費者的選擇成本

一般情況下，買家掌握的資訊都遠遠少於賣家，所以對買家來說最難的事情就是選擇，有時買家不得不考慮，如何選擇才能使自己少吃虧。而一個好的廣告語，能極大的降低消費者的選擇成本，就如同黑暗中的燈塔，為消費者指明選擇方向。比如在二手車交易市場中，資訊不對稱的情況就非常突出。

對二手車買家來說，他們最關心、同時也是最經常遇到的問題有兩個：第一，賣家車子品質的情況不透明（比如有沒有大修過，車子有沒有被水泡過等，因為二手車不像一手車，有問題可以找廠商）；第二，賣家的報價情況不透明（仲介有沒有故意抬高賣家的報價，賺取高額差價）。

對賣家來說，最關心的則是買家的出價資訊。這種嚴重的資訊不對稱，帶來的後果，就是買家和賣家之間無法建立信任，雙方要付出巨大的交易成本。買家難選，賣家難賣。有可能發生的極端情況是：任賣家說得如何天花亂墜，買家就是不相信，而買家為了降低風險，唯一能做的就是壓低出價。作為賣家肯定不幹，明明我給出的車輛資訊已經很透明了，為什麼買家卻只給這樣的低價？如此來回下來，高價的好車，就被趕出市場，最終出現劣幣驅逐良幣的情況。

於是，瓜子二手車從這一市場痛點出發，攜手演員孫紅雷，喊出「沒有中間商賺差價，買家少花錢、車主多賣錢」的廣告語，旨在告訴消費者，在瓜子二手車平臺上，買賣雙方的價格資訊都是透明的。這個廣告喊出一年後，瓜子二手車平臺上的交易量就遙遙領先，喊出三年後，瓜子二手車迅速成為行業第一。

瓜子二手車的執行長楊浩湧曾公開說：「『沒有中間商賺差價』，僅這句話就價值十億美元。」不過，據媒體報導，早期瓜子二手車每年投入十億人民幣的廣告費，用這句話給買賣雙方洗腦。所以說，廣告語再好，企業如果沒有壓倒性的媒體投放，廣告效果也可能只是個零。

而作為後來者的車商易車，則喊出了「價格全知道，買車不吃虧」的廣告語，同樣也採用明星代言的方式進行了壓倒性的媒體投放。這句話的背後，也是為了解決買賣雙方資訊不對稱的問題。沒過多久，易車就成功在美國上市。

記住我、選擇我、替我傳

◆ 廣告語的本質在於，透過超級口號解決買賣雙方之間的資訊不對稱問題，並進而降低企業行銷傳播成本，以及消費者的選擇成本。

03 好品配好名，好名字自己會說話

在中國，提起雲冠橙，可能沒幾個人知道，說起褚橙，大多數人都不陌生。同樣的柳丁，在最初上市時是叫雲冠橙。用這個名字，就相當於靠一己之力裸飛的「鷦鴣鳥」，再怎麼努力，結果都是銷量慘澹、嚴重滯銷。這也是許多企業面臨的問題：資訊不對稱。明明是品質很好的產品，可就是賣不動。因為產品所有的好，都只有你自己知道，消費者無從感知，自然也就無法建立起信任，也就無法發動消費者進行大規模的購買，也就自然沒有多少人會「替我傳」。

在第二年上市時，雲冠橙進行了全方位的品牌升級和行銷布局，最主要的變化是，名字改成了「褚橙」（褚時健種的柳丁）。神奇的化學反應發生了，褚橙一夜成名，僅僅五天時間，二十噸柳丁便銷售一空。八旬老人褚時健歷時十年，開荒種柳丁的故事更是感動了千萬網友，引發了包括聯想集團創辦人柳傳志、地產商潘石屹在內的企業家紛紛「替我傳」。隨後，褚橙被人們稱為「勵志橙」。

在這個案例中，褚時健就是雲冠橙的巨人之肩，透過褚時健強大的「氣流」讓褚橙這個「信天翁」，迅速飛遍全國，飛進千萬消費者的購物車。為什麼會取得這樣的效果？難道僅僅是因為換了個名字嗎？俗話說，外行看熱鬧，內行看門道。褚橙這兩個字可謂是大有門道，我給大家做個簡單的分析。

對於很多人來說，第一次聽到褚時健這個名字時，並沒有太多感覺。但在褚時健前面加上「紅塔集團原董事長」這八個字時，神奇的化學反應就發生了，「紅塔集團原董事長褚時健種植的柳丁」，這幾個字瞬間啟動了億萬消費者大腦中，關於紅塔集團的集體潛意識，消費者大腦中此刻會飛快的閃過熟悉的印象。

褚時健曾是一代菸草大王，是紅塔山品牌的掌舵人，人們不由得在心中給出一個大大的讚。這時，褚橙這個新品牌就和褚時健的個人品牌緊密的聯繫在一起，

▲圖37　將雲冠橙改名為褚橙。

將過往存儲在菸民腦海中關於玉溪、紅塔山、前紅塔集團董事長褚時健的無形品牌資產，透過褚橙這樣一個有形產品給體現出來了（見上頁圖37）。

所以，褚橙這個名字從誕生的那一刻起，就相當於注入了褚時健和紅塔集團幾十年的品牌資產。而雲冠橙這個名字的品牌資產幾乎是零，這是褚橙大賣的核心原因。時至今日，褚橙每年仍在不斷的支取褚時健個人品牌資產的利息，連續幾年銷售過億。從褚橙的例子我們可以看出，找一個巨人的肩膀是多麼的重要，一個名字甚至直接關係到企業的存亡。

我們做個總結：褚橙的故事，是一個把褚時健和雲南紅塔集團的品牌資產，壓縮進一個新品牌名稱中的經典案例，也是個人品牌資產如何變現的一個經典案例。當品牌名稱能有效傳達其給人們帶來的獨特價值時，就會成為讓人們記住我、選擇我、替我傳的超級口號。

如何取個好名字

關於如何為品牌取個好名字這個問題，我總結出「品牌四大命名法」：

- **超級信號原型命名法**：關於「超級原型」的話題，本書中已經做了相當多篇幅的論述，歸根結柢就一句話——透過超級原型降低企業的品牌行銷傳播成本，讓一個新品牌瞬間成為人們熟悉的老朋友。如阿里巴巴、蘋果、小米等名字，採用的都是超級信號原型命名法。
- **品牌資產命名法**：該方法，是將所有的子品牌都統一到同一個母品牌之下，形成品牌合力，讓母品牌為新品牌賦能。這樣做最大的好處是，把母品牌建立起來的品牌資產瞬間就注入到子品牌中，為新品牌節省了巨大的廣告行銷費用。比如像百度系的產品，百度 App、百度地圖、百度貼吧、百度影片、百度新聞等。
- **愉悅感命名法**：顧名思義，就是透過名字給人們創造一種愉悅感。像可口可樂、百事可樂、好投、招財貸、娃哈哈、喜茶等。
- **切割命名法**：根據戰略定位和母品牌進行切割，從名字上劃清界限。比如小米推出的 Redmi，為了擺脫紅米的低價位印象，將 Redmi 和小米、紅米進行了品牌切割；百度金融更名為度小滿，就是為了和百度這個母品牌進行切割。

子品牌如何命名

二〇二〇年十月，來自微軟官方的一則消息表示，Bing 這個被微軟拋棄十一年的野孩子，終於回到了母親微軟（Microsoft）的懷抱，更名為 Microsoft Bing。這背後的策略，就是典型的母品牌命名法，也是我所說的品牌資產命名法。

寫到這裡，我突然想起在《冰與火之歌：權力的遊戲》（*Game of Thrones*）這部神劇中，眾多在外流浪的野孩子，沒有任何家族名分的光環，只能依靠自己的實力打拚。比如像劇中的男一瓊恩・雪諾（Jon Snow）是臨冬城公爵艾德・史塔克（Eddard Stark）的私生子，劇中的鐵匠詹德利（Gendry）是七大王國統治者暨全境守護者勞勃・拜拉席恩（Robert Baratheon）國王的私生子。

沒有家族名號的加持，這些人註定要付出巨大的努力才能獲得認可。如果你恰好也和我一樣追過這部神劇的話，你一定對劇中的男二「小惡魔」提利昂・蘭尼斯特（Tyrion Lannister）的印象非常深刻。他雖然身材矮小，不受父親認可，但在蘭尼斯特家族光環的加持下，走到哪都是人們的座上賓。

和《冰與火之歌》中這兩位野孩子的命運不同，在與微軟品牌分離十一年之後，Bing 獲得了家族的加持。對 Bing 的回歸，微軟為其舉辦了盛大的歡迎儀式，全球眾多頂級媒體紛紛鼓掌道賀。

微軟當即表示：「今天開始，大家將看到我們的產品重命名為 Microsoft Bing，這代表了橫跨整個微軟家族的搜尋體驗的持續整合。」這句話的意思是：微軟意在強調 Bing 已經不再只是單純的搜尋引擎，而是微軟旗下的一個完整搜尋服務，除了之前的搜尋引擎業務，Bing 同時還是 Microsoft Edge 瀏覽器中的搜尋、Windows 10 工作列上的快速搜尋、Microsoft 365 中的工作搜尋場景、《微軟模擬飛行》中的沉浸式遊戲等提供支援。

好了，我們接著聊「子品牌命名方法」中的兩大核心方法：品牌資產命名法（又稱母品牌命名法）和切割命名法。

採用品牌資產命名法最大的好處在於，子品牌在一出生時就能獲得母品牌的品牌資產，也就能極大降低消費者的選擇成本、企業的行銷傳播成本，在產品上也更容易形成規模效應。比如麥當勞在國外大多都是採用 Mc 母品牌系命名法，如 McCafé、McChicken 等，到國內市場繼續沿用這套策略，比如麥香雞、麥克雞塊等。蘋果的產品，也採用了典型的品牌資產命名法，蘋果旗下產品的品牌名稱基本都是i開頭，像iPhone、iTunes、iPod、iMac等。

而採用切割命名法的原因主要有以下兩點：

第一，子品牌和母品牌的產品定位，或者價格差異較大。有的子品牌可能是高端品牌，比如豐田推出的高端車凌志（Lexus），就採用不同於母品牌的全新名稱。有的子品牌可能是低端品牌，如果繼續採用母品牌的名字會拉低品牌身價，比如蘋果用「SE」這個尾標，成功的解決低價iPhone的命名問題。

第二，子品牌的業務屬性，存在巨大的不確定性。這裡面涉及的原因比較多。其中比較重要的原因就是，業務未來的合規性和監管的不確定性。尤其是一些涉及金融業務的公司。這種命名法通常是為了防患於未然，降低未來可能發生的連帶風險，避免一損俱損的狀況。尤其是對於一些大的上市公司，一旦子品牌出現危機，將會直接引起股價的波動，公司少則損失幾個億，多則上百億。

比如百度金融、京東金融在早期採用的都是母品牌命名法，在一段時間後都進行了更名，百度金融更名為「度小滿」，京東金融更名為「京東數科」。順帶說一句，從「螞蟻金服」最先與「阿里巴巴」母品牌的切割，再到近期更名為「螞蟻集團」，無外乎也是這個策略。

什麼時候換名字合適

在前面我們提到，有一種更名是為了降低母品牌的風險，可以說是不得已而為之的更名。與被動的情況相反，還有一種情況是主動出擊，根據企業戰略、競爭格局的變化而更名。比如像「58速運」更名為「快狗打車」[5]。

快狗打車在更名前叫58速運，它借用了母品牌58[6]的品牌資產，讓消費者快速記住，按常理說符合我之前說過的命名法。但問題是，你到底想讓消費者記住你是誰，還是你能為我提供哪些獨一無二的核心價值？

我之所以覺得，58速運這個名字還有值得商榷的地方，主要有兩個原因：

首先，一旦帶上58這頂帽子，就很難在消費者心目中摘掉58速運是58同城子業務、子頻道的認知。因為在58同城的推廣中會有太多類似58速運的

5 短途貨運平臺。
6 中國的一家網路公司，公司旗下主要業務58同城不僅是一個資訊交互的平臺，更是一站式的生活服務平臺。

平行子欄目，在母體這樣的掩護下，58速運很難在消費者心目中變得強大起來，它帶給人們的想像空間也會非常有限。

其次，速運讓人聯想到的是物流公司，而在這個領域巨頭林立，消費者聯想到的首先會是順豐速運、京東物流、菜鳥物流這樣的巨頭。而58速運和這些巨頭根本不在一個量級上，即使它再怎麼努力，也很難在消費者心智中留下深刻的印象。

而改名為快狗打車，摘掉58的帽子，穿上「打車」的外衣，消費者在潛意識中就會把快狗打車和滴滴打車掛鉤，讓快狗打車在消費者的心目中，建立起打車平臺的定位。而「快狗打車——拉貨、搬家、運東西」的廣告語，又能很好的和滴滴打車形成區隔，讓快狗打車的主營業務一目了然。

快狗打車從之前58同城子頻道的物流平臺，轉到了前景更為廣闊的個人帶貨出行市場。從戰略上講，從「物流」到「出行」的場景切換，可謂是開闢了一條嶄新的賽道。而在這個賽道裡，你就是消費者心目中的首選。品牌的更名，不是簡單的換個名字就完事，而要切合企業品牌行銷的頂層思維、要和企業的戰略緊密結合、要系統性思考。

記住我、選擇我、替我傳

- 當品牌名稱能傳達其給人們帶來的獨特價值時，就會成為超級口號。
- 品牌四大命名法：超級信號原型命名法、品牌資產命名法、愉悅感命名法、切割命名法。
- 超級信號原型命名法：透過超級原型降低企業的品牌行銷傳播成本，讓一個新品牌瞬間成為人們熟悉的老朋友。如蘋果、小米等名字。
- 品牌資產命名法：將所有的子品牌都統一到同一個母品牌之下，如麥香雞、麥克雞塊。
- 愉悅感命名法：透過名字創造一種愉悅感。如可口可樂、娃哈哈。
- 切割命名法：根據戰略定位和母品牌進行切割，從名字上劃清界限。如蘋果用「SE」這個尾標，解決低價 iPhone 的命名問題。

04 拉近距離，只需一個好故事

ＬＶ賣的是什麼？對消費者來說，他們買的是ＬＶ的 Logo 和符號；而對於ＬＶ來說，企業一直在賣的卻是旅行。這就是典型的舉高打低，這也是奢侈品品牌廣告的高明之處。為達到「販售旅行」的目的，ＬＶ集結全球頂級資源，推出了「旅行的意義」廣告（影片見 QR Code），該廣告片一經播出便大獲成功。旅行，一直是ＬＶ不變的主題，更有意思的是，ＬＶ和漢字「旅」在鍵盤上的拼音輸入法竟然相同，這豈不是ＬＶ與生俱來的品牌戲劇性嗎？可惜的是，ＬＶ的行銷團隊沒有把握住這個超級引爆點。

往大的說，生命是什麼？生命本身就是一場旅行。ＬＶ的品牌故事就是一場生命旅行的故事。遠方是一個足以讓任何生命都為之著迷的地方，而旅行會指引我們走向遠方。生命的過程就是一段奇妙的旅程，生命創造了旅行，旅行又成就了生命。一人一個ＬＶ旅行箱，它伴隨著我們的生命一起行走，一起奔赴旅程。

這就是一個人和一個ＬＶ旅行箱的故事，是每個人追隨內心的詩與遠方的故事，也是每個人和ＬＶ獨一無二的品牌故事。如果讓我來操刀這個項目，我會在這個品牌影片加上一個「旅」字，把這個字打造成ＬＶ獨有的超級品牌資產。

我這樣創作出播放量近億的影片

二〇一三年，是我職業生涯的一個轉捩點。為什麼這樣說呢？

因為在二〇一三年之前，我都是在廣告公司工作，所服務的企業，大多都是多少有些名氣的品牌，比如賓士、ＢＭＷ、富豪汽車、大眾、中國銀行、中國工商銀行、中國民生銀行、友邦保險、新華保險、中國航空集團等。在廣告公司工作的十年中，我多多少少也幫公司賺了一些真金白銀，也為公司贏得過一些客戶，順帶也為公司捧回了幾十個創意大獎，還親手把兩家廣告公司帶進了「中國廣告公司創作實力五十強」、「中國創意五十強」。

但我忍不住去思考：我的創意到底為客戶創造了多少實際價值？這些價值能

被量化嗎？甲方企業又是如何看待這些創意的？當我正帶著這靈魂三問，在大北京朝陽區CBD的某廣告公司埋頭工作時，我的手機突然響了，海澱區西二旗的百度從電話那頭拋給我一個橄欖枝。於是，我第一次跳進了BAT[7]甲方市場部的戰壕，開始了由小我到大我的蛻變，由廣告創意人向品牌行銷人的轉變。

下面和各位分享的這個案例，是我入職百度後操刀的第一個案子，對我的重要程度可想而知。毫不誇張的說，當時我幾乎是把平生所學，都用在了這個案子上。為了使案子的成功機率更大一些，我在後期製作公司加班一週。因為時間緊、任務急，要趕在十月一日之前上線傳播，幾乎是屁股坐到椅子上就沒時間離開。以至於我的屁股第一次因為坐椅子坐太久給坐腫了，六年過去了，我到現在還有後遺症，一旦坐的時間太長，屁股就會腫。

下面我來具體聊聊這個案例，看看我是如何把別人「替我傳」的資訊壓縮在一個故事裡，並被眾多明星和網友瘋傳。

說起百度地圖，想必大家都比較熟悉，它如今已經是國民級的超級 App。不過，百度地圖當時的版本，還不像今天這樣，有這麼多的語音瀏覽彩蛋可供用戶玩耍。在很多用戶的心中，地圖 App 只是一款出行工具，很難和人們有情感上的關聯，它絕大多數時間都是靜悄悄的躺在用戶的手機中，只有在急用時，才會被叫醒，用完之後，又繼續接著睡。

如何為百度地圖注入情感力量，和用戶建立情感連接，是我那時面臨的主要挑戰。當時，我們透過調查發現，百度地圖 App 已經成為很多用戶必備的出行工具，在用戶和它之間，發生了很多有趣的故事，而樊蒙的故事就是其中之一。

這個二十七歲的北京小夥子樊蒙，在二〇一二年七月九日辭掉了工作，又在七月十一日從北京出發，用輪椅推著因從小患小兒痲痺而常年癱瘓的媽媽，徒步走向西雙版納（位於雲南省西南端）。歷經三個月，途經三千三百五十九公里，他們母子二人終於在十月十二日下午四點抵達西雙版納。他們這一路上充滿了坎坷，有很多次都差點迷失方向，幸虧樊蒙的手機中安裝了百度地圖 App，讓他們少走了不少彎路。

其中有一次，因為下雨，加上沿途風吹日晒的勞累，樊蒙突然暈倒了。向來堅強的母親，忍不住直掉眼淚，她的心裡只有一個念頭，馬上帶著兒子飛奔進醫

7 B指百度、A指阿里巴巴、T指騰訊。

院。但是她人生地不熟，語言交流也不暢通。好在，最終她透過百度地圖找到了離樊蒙最近的醫院，化險為夷。這一路上，類似的感人故事還有很多。

講到這，故事的脈絡已經非常清晰，和百度地圖的關聯也很緊密。對我來說，剩下考驗的就是手藝人的功力了。廣告公司的動作很迅速，在我給廣告公司梳理好故事大綱，確定好執行方向後，他們沒用多長時間就提供了初剪版的片子給我。結果，看完樣片之後，你猜怎麼著？我整個人當場心情就不好了。

初來乍到，親自操刀的第一個案子不能就這水準吧，這怎麼看也不像拿了很多創意大獎的創意人應有的水準。於是我就和廣告公司攤牌了。第一個版本的影片主要按照廣告公司的思路製作，所以我耐心與他們溝通。

我告訴他們，影片還有很大的提升空間，我和對方又是寫郵件又是打電話，一五一十的交換意見，比如哪些畫面要重新剪輯、哪些文案需要重新寫、哪些音樂節奏不對等。廣告公司的小夥伴聽完我的修改意見後，就像我當時看完初剪版本影片的感受：「按照您這意思來看，整個片子幾乎都要重新拍攝了？」我說：「那我們還有別的補救措施嗎？」廣告公司也很給力，二話不說，公司的王老闆帶著幾員得力幹將又從北京殺到雲南，進行補拍。

從事廣告或行銷行業，尤其是影片相關的案子，就和五星級飯店的大廚做飯差不多。該買的菜，服務員都買來洗乾淨了，能不能做出色香味俱全、叫座又叫好的美味佳餚，就看這位大廚的本事了。

於是，在我給自己施加的重壓之下，便有了前面提到的在廣告公司奮戰一週的劇情。那真是黑白顛倒的一週，我每天都在和時間賽跑，因為要趕在十月一日前上線開始傳播，半天都耽擱不起。期間，整個片子反覆推倒重來，剪輯了不下十個版本，所有的文案都是我在後期公司一個字一個字打磨出來的。當然，除了片子本身外，耗時最長的就數《別讓愛你的人等太久》這個名字了。當時為了幫這段影片想個合適的名字，我前前後後想了不下一百個方案，直到上線的前一天才最終敲定（見下頁圖38，影片見QR Code））。

廣告公司當時一直力推《在路上》，考慮到和地圖產品的關聯性、品牌延展性、情感訴求和整體傳播策略，在經過幾次激烈討論，綜合比較下，公司最終採用了《別讓愛你的人等太久》這個名字。和《在路上》比起來，《別讓愛你的人等太久》的名字，本身就包含著巨人的情感能量，能一下子引爆大眾腦海中關於愛的集體潛意識。

事實證明也確實如此，楊冪、劉愷威等明星在轉發時，直接用的就是「別讓愛你的人等太久」這幾個字，不多也不少。

「替我傳」的核心就在於，當我們創作一個別人「替我傳」的素材後，最好讓別人可以直接原汁原味的引用。這樣才能放大信號能量，才能實現一傳十、十傳百、百傳千，進而傳遍，而百度地圖宣傳影片《別讓愛你的人等太久》就是這樣的超級傳播素材。

這九個字，當時還引發了正處在愛情長跑中的楊冪和劉愷威兩人

百度地圖品牌形象塑造《別讓愛你的人等太久》
引发众多明星和大V、KOL转发
获得美国艾菲奖等10多个重量级奖项
总导演：王宏伟
创意策划：王宏伟
Hiking for 100 days,3359 kilometers,From day to night,From Beijing to Yunnan,Crossed 7 provinces,32 cities
Resignation letter

▲**圖38**　百度地圖品牌形象微電影《別讓愛你的人等太久》。

的粉絲們的揣測，讓我們回顧一下當時的情況：

二〇一三年九月二十七日，楊冪在新浪微博催淚轉發百度地圖品牌影片，並配上「別讓愛你的人等太久」和兩個淚奔的表情符號，網友猜測這是楊冪在向劉愷威逼婚。作為回應的劉愷威，隔天在新浪微博也轉發了百度地圖官方微博的這支影片，轉發語同樣是「別讓愛你的人等太久」，唯一不同的是，劉愷威配了一個害羞的表情，網友猜測這是劉愷威在向楊冪求婚。

這一前一後極具戲劇性的操作，引起了廣大粉絲和網友的熱議，將影片又推向了一次新的互動傳播高峰。在他倆轉發了這支影片後的第二年一月八日，楊冪與劉愷威走進了婚禮的殿堂[8]。試想一下，如果當初是選擇了《在路上》這三個字作為廣告影片的名字，估計最終傳播效果就可能差了十萬八千里了。

百度地圖品牌形象影片一上線，便大獲成功。楊冪、劉愷威、海陸、朱丹、沙寶亮等眾多明星和KOL在微博進行了轉發，引發網友熱議。影片自然播放量累積達到一億次左右，百度地圖品牌關注度同比增長六五%，百度地圖 App 下載

8 兩人已於二〇一八年離婚。

量和日活[9]再創新高。

這個影片的影響力，大大超出了我們當時的預期，它不光為百度地圖成功的注入了情感原力，也成為當時百度歷史上獲獎最多的品牌形象微電影，為百度贏遍了世界華文廣告創意的頂級獎項，獲得了當時負責百度市場及公共體系的副總裁多次點名表揚，是當年百度大市場部為數不多的標竿項目。

不少品牌也開始借勢這個專案，其中較著名的有 360 集團在二〇一四年春節推出的別讓老婆等太久、別讓孩子等太久、別讓ＸＸ等太久系列品牌廣告等。後來我還發現，這個影片不只是在品牌行銷和互聯網圈影響頗深，更走進了尋常百姓家。

在二〇一五年由小島執導、第五十三屆環球小姐中國區冠軍張萌主演的三十五集都市愛情連續劇，更是奇妙的採用廣告影片《別讓愛你的人等太久》這個名字，讓人感嘆，當你把廣告做好，市場都會主動幫你傳播。

不過，如今看來，我們當年的智慧財產權意識還是不夠強，要不然早該建議百度把「別讓愛你的人等太久」註冊成商標。在我參加的一些線下演講或培訓中，每次只要播放這個影片，現場都會有朋友被感動到落淚。

針對本案例，我總結如下：

第一，「替我傳」的核心就是，我們創作一個別人「替我傳」的素材，最好是讓他們可以直接原汁原味的引用。這樣才能減少信號損失，放大信號能量，才能實現一傳十、十傳百、百傳千、傳遍全國的效果，像百度地圖「別讓愛你的人等太久」就是這樣的超級傳播素材。

楊冪等很多明星和網友替我傳時，原封不動引用的就是這幾個字。包括後面以這幾個字為超級原型推出的同名電視劇，更是半個字也沒有改動。因為你隨便改一個字，這意思就變了，原力就沒了。

第二，將當時百度地圖「精彩一步到位」的品牌主張，嫁接到樊蒙的真實故事中，提煉出「精彩，是你邁出的每一步」，引爆廣大用戶的集體潛意識，鼓勵人們勇敢向前邁出精彩的每一步，帶給用戶內心極大的愉悅感和情感力量。

百度地圖 App 在影片的關鍵情境中（如樊蒙迷路或住院時，都需要百度地圖快速幫忙找出路線），推動了整個劇情的發展，和整個故事完美的融合在一起，

---

9 DAU（Daily Active User）日活躍用戶數量。

既強化了品牌記憶、綁定了情感，又把這種情感注入到了用戶的潛意識中。

第三，故事永遠為品牌服務。請大家切勿本末倒置，讓故事凌駕於品牌之上。很多從事廣告行業的人一般容易犯的錯就是，自己的廣告，讓受眾記住了故事卻沒記住品牌，記住了明星卻沒記住產品。究其原因，還是劇情和產品關聯不大，品牌和產品要麼曝光量不夠，要麼太過生硬，產生的後果就是叫好不叫座。而作為專業的品牌行銷人員，我們要做到的是叫座又叫好，而且叫座還要排在叫好前面。

新品牌如何一戰成名

在二〇一九年熱映的影片《攀登者》中，胡歌飾演的「楊光」在一九七五年登山時意外失去雙腿，而他的原型就是充滿了正能量的七十歲老人夏伯渝——中國第一個依靠雙腿義肢登上聖母峰的人。

這位老人用一生詮釋了什麼叫不屈不撓、什麼叫為夢想而努力、什麼叫迎難而上、什麼叫克服困難、什麼叫「攀登者」。

一九七五年勞動節，二十六歲的夏伯渝首次嘗試登頂聖母峰，在補給幾乎耗盡的情況下只能被迫下撤。途中隊友遺失了睡袋，他不假思索的把自己的睡袋讓出來。因此，造成了他的雙腳凍傷壞死，必須截肢。與此同時還有一個噩耗，就是父親去世。然而，他追夢的腳步並沒有因此而停下。痛定思痛的他，開始了一系列異常艱苦的魔鬼式體能訓練。

二〇一八年五月十四日，沒有放棄夢想的夏伯渝第五次向聖母峰發起挑戰，最終成功登頂聖母峰，成為中國第一個依靠雙腿義肢登上聖母峰的人。二〇一九年二月十九日，在摩納哥蒙地卡羅（Monte Carlo）運動俱樂部舉行的「二〇一九勞倫斯世界體育獎頒獎典禮」（Laureus World Sports Awards）上，夏伯渝成為繼姚明、劉翔和李娜之後，又一位在勞倫斯世界體育獎評選中榮譽當選的中國人。二〇一九年九月三日，夏伯渝入選《二〇二〇年金氏世界紀錄大全》。

我和夏伯渝老師是在二〇一六年相識，那是在他第四次向聖母峰發起挑戰的前夜，同樣也是我加入新公司的第一天。在得知這個消息後，我立刻趕往了北京人民廣播電臺的大本營，此時的夏老師正在錄製一檔節目。被夏老師的英雄故事深深打動的我，當場就想，我是不是也能助追夢路上的夏老師一臂之力？別的不會，做廣告我在行啊。

於是在和夏老師進行了初次溝通之後，我們當場確定了合作意向，然後聘請夏老師為我新入職公司的品牌形象代言人。在當天返回公司的路上，我想了一句廣告語——與追夢者一起向前，在同事的幫助下連夜製作了一面旗幟，在第二天連同代言人合約一起送到了夏老師手中。

可能有人會問，你一個剛到職的新員工，如何在當天就能敲定這個合作？其實也不難，沒有任何道路可以通往真誠，除了真誠本身。

回到公司我和董事長說：「夏老師的故事太激勵人了，我們應該盡一點綿薄之力，讓夏老師為夢想堅持四十年的故事被更多人看見，點亮更多的追夢者，激勵更多的人心。如果夏老師這次成功登頂，那我們將是全球第一個登上聖母峰的金融科技品牌，這也是全球金融科技品牌行銷的一個新高峰。」說完這幾句話，董事長當場就同意了。

我對夏老師說：「您專心追夢就好。邀請您當我們的品牌形象代言人，只是我們的一點點心意，我們想盡我們的綿薄之力，讓您追夢的勵志故事激勵更多人，點亮更多追夢者，在您的代言中不會涉及任何具體的商業產品。再退一步來說，不管您這次能否成功登頂，接下來都會面臨個人品牌形象建立的事情，我們第一時間會給您一個A股[10]上市公司代言人的身分。」

於是案子就這樣敲定了。我根據夏老師的故事策劃的整合行銷推廣活動，在案子傳播費用幾乎為零的情況下，讓成立不到半年的新品牌一戰成名，一躍成為金融科技行業的知名品牌。

幸運的是，這個案子還為公司贏遍了全球頂級華文創意獎項，並成為當年全球金融科技行業中拿獎最多的案子之一，共獲得二十多個全球大獎，比如被具有四十多年歷史的英國權威媒體《Campaign》評為「二〇一七年度最佳移動行銷品牌」，且是當年唯一獲此殊榮的金融科技公司，還獲得當年唯一的企業形象類金獎（獲得銀獎的是飛利浦，麥當勞和騰訊是銅獎）。同時還被《人民日報》、《民生週刊》評為二〇一六年度公益慈善傳播獎，被「第六屆中國公益節」評為

10 即人民幣普通股票，是由中國境內註冊公司發行，在境內上市，以人民幣標明面值，供境內機構、組織或個人以人民幣認購和交易的普通股股票。英文字母A沒有實際意義，只是用來區分人民幣普通股票和人民幣特種股票。

二〇一六年度中國公益映射獎；被二〇一七IAI國際廣告獎評為「最具創新精神廣告主獎」等。

我將案子獲得的金獎獎盃和證書也送了一份給夏老師，他非常開心。夏老師的故事實現了破圈[11]，到現在還深深的感動著許多廣告行銷行業的攀登者。

有一次，某銀行的行長來公司洽談合作，還親自要公司工作人員幫忙播放夏老師登聖母峰的這個品牌形象影片，可見這個專案在目標客戶群體中的影響力有多大。更具戲劇性的是，知名創意獎項的工作人員來公司拜訪交流，竟誤以為我們是家廣告公司。我問為什麼？她們說，我看你們經常獲得一些頂級創意大獎，所以一直以為你們是一家廣告公司。

在這個案子中，我將夏老師四十多年追夢的感人故事壓縮到一個影片裡，爆發出了巨大的威力，為企業的品牌注入了強大的情感能量，使企業的美譽度得到極大提升。夏老師的代言故事和這個案子獲得的獎項，也成為企業品牌資產中非常寶貴的一部分。夏老師勇於攀登的追夢故事，讓企業品牌深入人心。這個案例再次印證了我在前面給出的品牌的三層定義：產品的牌子，企業和消費者的超級信號，贏得人心的道。

如何創作出既叫座又叫好的廣告

在廣告創作中，最難做到的一點就是既叫座、又叫好；比這更難的是，在叫座叫好的基礎上，還能形成企業的品牌資產，為企業產生品牌資產複利；比這兩項更難得的是，在此基礎上，同時還能在頂級專家評委苛刻的評審中獲得金獎。這就好比你拍了一部電影，這部電影不但票房大賣，同時還獲得了奧斯卡金像獎，這個難度大家可想而知。

按二〇一五至二〇二〇年獲得長城獎金獎數量估算，在中國每年實際的品牌行銷案例中，既能叫座叫好，又能獲得行業頂級專家認可的經典項目案例，每年不會超過二十個。而由我創作的《錢的祕密》，有幸成為其中之一。

下面我和大家做個簡單的分享，如何從專案的一開始，就帶著品牌資產思維來創作。很多公司都會舉辦聲勢浩大的年會，尤其是互聯網公司，一個年會往往

11 指某個人或他的作品突破某個小圈子，被更多的人接納並認可。

就會投入上千萬元的費用，而年會影片就是裡面的重頭戲之一。比如我在百度工作時，曾有幸全程深度參與百度十五週年的影片專案。這個影片，在百度創辦人李彥宏上臺之前播放，它的重要性和使命大家可想而知。幸運的是，這部影片在現場播放時效果非常好，成為整個年會中員工和高階主管熱議的焦點，並受到李彥宏及多個副總裁表揚，在這裡我們要聊的是，我創意策劃的另一個上市公司的年會影片專案。

在這個項目一開始，我就在思考，即使是一部年會影片，它有沒有成為公司品牌資產的可能？能不能給公司產生源源不斷的複利？有沒有可能成為一顆衛星，而不是像煙火一樣，只能綻放一次？

帶著這樣的戰略使命，我苦思冥想。當時所在上市公司的核心業務之一是金融科技，也就是和錢緊密相關，加上公司名字本身就帶有一個錢字。用我前面講到的品牌尋寶方法來說，「錢」就是這個品牌與生俱來的戲劇性，我們要做的就是把這個戲劇性放大。於是，我就鎖定了錢這個主題。在進一步的挖掘中我發現，錢既是最沒有感情的東西、又充滿感情。同樣的錢，在不同人的手中，會有不同的命運、會產生不同的價值。

換句話說，錢的命運既可能是顛沛流離，也可能是衣食無憂；既可能被人供奉，也可能被人蹂躪；既可能橫行霸道，也可能雪中送炭；既可能冷酷無情，也可能溫情脈脈；既可能光芒萬丈，也可能永無天日；既可能是凶手，也可能是救星；既可能是惡魔，也可能是天使；錢會有什麼樣的命運，取決於它在什麼人的錢包裡；你若冷眼，它就無情；你若向善，它就慈悲；你是什麼樣，錢就會是什麼樣。

整個創意我採用擬人的手法表現錢的各種境遇，在結尾的時候，各種不同貨幣符號、不同境遇的錢，站在一起，拍了一張全家福照片。鏡頭一轉，伸出一隻手，把這些錢放到錢包裡，然後出現公司的名字和廣告語：「為你的錢找個好的歸宿」。

這個影片在年會現場一播出，就獲得雷鳴般的掌聲。在實現了叫座又叫好的預期後，又被當成品牌形象影片在網路上引起熱傳，並有幸成為當年全球獲獎最多的金融科技品牌形象廣告之一。還獲得了中國唯一經國務院批准的國家級廣告大獎「長城獎」包括兩項金獎在內的數十個大獎。公司被組委會授予兩項年度最佳廣告主獎，這個紀錄至今無人打破（見下頁圖39）。

《錢的祕密》

▲**圖39**　《錢的祕密》截圖、海報與獲獎畫面。

▲**圖40**　《錢的祕密》評委點評。左圖為第 24 屆長城獎評委會主席劉凱傑（前奧美廣告集團執行創意總監）。右圖為第 24 屆長城獎評委會副主席沈虹。

除此之外，這個影片還創造了其他多項獲獎紀錄。當年的影片類金獎，在全世界只頒發了兩個，一個由日本電通集團獲得，一個由我們奪得。而獲得平面類金獎的創意海報，是我在影片拍攝現場用相機抓拍的劇照。到了長城獎頒獎現場，大螢幕上播放的評委推薦獲獎影片震撼了我。本屆的長城獎評委會主席劉凱傑（前奧美廣告集團執行創意總監）推薦我創作的影片；評委會副主席沈虹推薦我創作的平面廣告。一個公司的作品能同時獲得評委會主席和副主席的推薦，這種情況較為罕見，所以再次感謝兩位前輩的精彩點評（見右頁圖40）。

英雄出自平凡，人人皆可創造不凡

如果你有仔細看完上面的文字，並看完這三個故事的影片，你會發現，我為百度地圖創作的《別讓愛你的人等太久》，任正非親自選定的華為《芭蕾腳》（影片如下 QR Code），以及LV的全球品牌形象廣告《何為旅行？》，其實講的都是同一個故事，背後都是平凡人的非凡英雄故事。這也是這三個故事真正能觸動人心的原力所在。

在神話學家喬瑟夫·坎伯（Joseph John Campbell）看來，宇宙中所有的英雄，其實是帶著不同面具的同一個英雄，比如從美國的《星際大戰》、《哈利波特》（*Harry Potter*）、《鋼鐵人》（*Iron Man*）、《超人》（*Superman*）到漫威英雄故事系列，再到中國的《西遊記》、《哪吒》、《大聖歸來》、《戰狼》，或是金庸筆下的《笑傲江湖》、《射雕英雄傳》、《天龍八部》等武俠小說，最終的結局都是主人公歷盡艱辛、或騎著掃把、或騎著白龍馬、或披著紅披風外穿著內褲、或腳踩無敵風火輪、或騰雲駕霧乘著祥雲，凱旋歸來的故事！

用坎伯自己的話來說就是：「神話是眾人的夢，夢是眾人的神話。」用榮格的話來說：「這些千面英雄的故事，引爆的就是潛藏在人類DNA中，從二·五億年前一直傳承到今天的你我『爬蟲腦』中的集體潛意識。」

順便說一句，坎伯正是受心理學大師榮格的啟發，才花了數年時間搜羅全球的神話故事，打磨出他的封神之作《千面英雄》（*The Hero with a Thousand Faces*）。當然，榮格的老師就是大名鼎鼎的心理學大師佛洛伊德（Sigmund Freud），他的《夢的解析》（*Die Traumdeutung*）你一定聽過，他深深影響了榮格，榮格正是在他的學說基礎上發展出集體潛意識。

這就是故事裡面蘊含的原力，這也是我會把這三個故事放在一起的原因。對於很多品牌來說，一個好的品牌故事，遠勝過一百條爛廣告。

如何創作一個好故事

日本 7-Eleven 品牌創辦人兼首席執行官鈴木敏文曾這樣說道：「當代的消費已經完全從經濟學領域，進入到心理學領域了。當一個好的產品，用一個美好的故事包裝後，顧客購買到的就不僅僅是物質層面的滿足，而是上升為精神層面的一份期望、一種體驗甚至一個夢想。」也就是我在「選擇我」章節中和大家說的，人們購買的不是商品，是希望、是夢想、是符號。

人是社會動物，遺傳密碼決定了人們對故事的反應能力，特別是那些能夠激起人們情感反應的故事。被巧妙嫁接到故事裡的品牌或者產品，將更容易被人們記住和傳播。全球很多知名的企業都是透過故事行銷的方式，讓他們的品牌深入人心，從而和人們獲得深深的共鳴。

那到底該如何為你的品牌創作一個好故事？我把創作方法總結為「故事創作四步法」。

對很多導演和編劇來說，羅伯特．麥基（Robert McKee）的大名早已如雷貫耳，他一九四一年一月三十日出生於底特律（Detroit），職業身分是編劇。從小熱愛戲劇的他，早年還做過演員。一九八一年，麥基受美國南加州大學（University of Southern California）之邀，開設了故事培訓班，從此麥基開始了他開掛的故事培訓生涯。據不完全統計，從麥基的培訓班上走出去的學生，共獲得三十五次奧斯卡獎、一百七十次艾美獎、三十次美國作家協會獎、二十五次導演工會獎以及普利茲戲劇獎和英國國家圖書獎等。

《浮華世界》（*Vanity Fair*）雜誌稱其為「好萊塢編劇教父」，並坦言麥基先生是「電影產業裡眾所周知的勢力人物，以及好萊塢最受歡迎的編劇導師。」當然，麥基先生把他研究故事幾十年的心法，也澆灌進了《故事的解剖》（*Story*）這本沉甸甸的書中。

在羅伯特．麥基故事學和喬瑟夫．坎伯神話學的基礎上，我總結出**「故事創作四步法」，即：凡人的平衡生活——突發事件打破平衡——凡人化身英雄將故**

事推向高潮——英雄回歸凡人的平衡生活。在麥基的《故事的解剖》一書中，他是這樣描述的：

「在敘述的開始，主人公的人生處於相對平衡的狀態中，並透過他的核心價值觀表露出來，比如幸福或者悲傷。緊接著，打破平衡的事件發生了，不可避免的顛覆了主人公的核心價值觀。例如，他可以墜入愛河，這是一個正面的事情，或者他失去所愛，這是一個負面的事情。為了找回平衡，主人公決定採取行動。從這一刻起，一系列因果相連的事件隨之發生。隨著時間流逝，事件逐漸動態的令核心價值觀在正負電荷之間來回搖擺。故事的最終事件徹底改變核心價值觀，進而把故事推至高潮，主人公的生活重新回歸平衡。」

可能有些朋友還不是很明白，在這裡用我為百度地圖創作的《別讓愛你的人等太久》這個三分多鐘的故事做個四步法解讀。

第一步：凡人的平衡生活。

在影片的一開始，我透過兩組畫面，交代了樊蒙和他媽媽在日常平衡狀態下的生活：買菜、做飯、上班。整個畫面看上去，像極了身邊一般人的日常生活，一切都在平靜中按部就班的進行。

◈第二步：突發事件打破平衡。

有一天，樊蒙下班回家，看見母親手握一張雲南美景的照片，瞬間讀懂了母親積壓在心中從未說出口的願望。這張照片打破了他們母子的平衡生活，帶來的後果就是，樊蒙第二天就到公司提出了辭職，他決定徒步推著母親，踏上從北京到雲南的旅程。

◈第三步：凡人化身英雄將故事推向高潮。

總結來說，在這個品牌影片故事中，我安排了三個遞進的小高潮。第一個高潮是樊蒙辭職，第二個高潮是樊蒙暈倒，這兩個小高潮的鋪墊，是為了推動一個更大的高潮，也就是第三個高潮，即，歷盡千辛萬苦的樊蒙母子，終於到達了雲南，站在山頂看到大佛發愣的那一幕。

在這裡，我採用了快閃的剪輯手法，將劇情中一波波的小高潮再一次集中引爆，最終爆發出巨大的情感能量和穿透力。當然，作為商業品牌形象廣告來說，在這種時刻就該出現廣告詞了。得益於我對高潮節奏的把控，下面的廣告詞順理成章的出現：「別讓愛你的人等太久，就現在，帶上最愛的人，出發！精彩，是你邁出的每一步。」

我用「精彩，是你邁出的每一步」這句話，扣回到當時百度地圖的廣告語「百度地圖，精彩一步到位」。這句話也用來喚醒廣大觀眾心中的英雄夢，鼓勵大家勇敢去追夢，去走出自己的精彩人生。

◈第四步：英雄回歸凡人的平衡生活。

在故事結尾時，我們採用蒙太奇[12]的剪輯手法，又回到樊蒙和母親日常生活中的平衡狀態。好像一切都是平凡人的一場英雄夢，既如夢似幻，又真切。正如羅伯特·麥基所說：「故事的背後是永恆的、普遍的形式，而不是公式。」

對於我總結的故事創作四步法，我希望它只是扶你上路的一根拐杖，而不是

12 異於長鏡頭電影表達方法，蒙太奇組合一系列不同地點、不同距離、不同角度、不同方法拍攝之多個短鏡頭，編輯成一部有情節的電影。

一個公式，當你到了一定階段以後，大可以扔掉這根拐杖，得意而忘形，這樣它就化成你渾厚的內力了，你一出手，就是高手。

故事創作四步法中的「凡人的平衡生活——突發事件打破平衡——凡人化身英雄將故事推向高潮——英雄回歸凡人的平衡生活」這四步，也是很多刷屏級品牌故事背後的通用法則。

記住我、選擇我、替我傳

- 把品牌或者產品巧妙嫁接到故事裡，將更容易被人們記住和傳播。
- 故事創作四步法：凡人的平衡生活↓突發事件打破平衡↓凡人化身英雄將故事推向高潮↓英雄回歸凡人的平衡生活。

附錄

品牌信號原理

信號

創建品牌的過程，就是創建品牌信號和消費者之間的條件刺激反射。在我看來，整個品牌行銷學和廣告傳播學的底層原理就是信號學和符號學。從經濟學角度看，信號是為了解決交易中的「資訊不對稱」、「信任不自傳」這兩大難題。通俗講就是，賣家為了賣出商品，通常需要透過廣告給買家發射信號，從而完成交易。

什麼是「資訊不對稱」

資訊不對稱理論是由三位美國經濟學家——約瑟夫．史迪格里茲（Joseph Stiglitz）、喬治．阿克洛夫、麥可．史彭斯（Michael Spence）提出的，這三位大師也因此獲得了諾貝爾經濟學獎。

他們認為：在市場中，賣方比買方掌握更多有關商品的資訊；掌握更多資訊的一方，可以透過向資訊貧乏的一方，傳遞可靠資訊而在市場中獲益；買賣雙方中資訊較少的一方，會努力從另一方獲取資訊；市場信號在一定程度上，可以彌補資訊不對稱的問題。

這一理論為很多市場現象如股市沉浮、就業與失業、信貸配給、商品促銷、商品的市場占有率等提供了解釋，成為現代資訊經濟學的核心，被廣泛應用到從傳統的農產品市場到現代金融市場等各個領域。

資訊不對稱性造成的負面影響是市場失靈，劣幣驅除良幣。在同一價格標準下，低品質產品排擠高品質產品，拉低高品質產品的銷量，甚至將高品質產品排擠出市場，這在經濟學中被稱為「檸檬問題」（又稱檸檬原理，檸檬一詞在美國俚語中表示次級品）。

什麼是「信任不自傳」

「信任不自傳」指的是信任不能自行傳遞。離我們越遠的人，我們越無法信任；越陌生的商品，我們越不會購買；越陌生的人之間越難建立起信任。

品牌的本質就是建立信任，讓信任在熟人和熟人之間、陌生人和陌生人之間、人和商品之間、母品牌和子品牌之間自由傳遞，從而降低交易成本，並提高收益。

關於信任不自傳的問題，享譽全球的歷史學家哈拉瑞（Yuval Noah Harari）在他的著作《人類大歷史》（*Sapiens*）中這樣寫道：「如果沒有信任，就不可能有貿易，而要相信陌生人又是很困難的事。今天之所以能有全球貿易網路，正是因為我們相信著一些虛擬實體，像是美元、美國聯邦準備銀行，還有企業的商標。而在部落社會裡，如果兩個陌生人想要交易，往往也得先借助共同的神明、傳說中的祖先或圖騰動物建立信任。」

什麼是品牌信號

在我看來，品牌信號是所有商業的底層邏輯。

商業的本質是交易，品牌的本質是建立超級信號，超級信號的本質是降低交易成本。品牌行銷都是在解決「資訊不對稱」和「信任不自傳」問題。

超級信號是讓資訊從不對稱到對稱最大化，從而實現買賣雙方更低成本、更高效、更高價值的雙贏交易。

在資訊趨於對稱的情況下，賣家實現了好貨賣好價，買家實現了好價買好貨，最終營造了良幣驅除劣幣的誠信商業環境。只有這樣，買賣雙方之間的資訊和信任才能達到均衡，買賣雙方的交易風險才能降至最低，賣家才能實現利潤最大化，買家才能實現價值最大化。

從生理學、心理學、經濟學、品牌行銷學的角度來講，「信號」等於信加號。信是資訊，我們可以透過信號解決資訊不對稱問題。信是信任，我們可以透過信號解決信任不自傳問題。號是信的載體和編碼，號是符號、口號、語言、文字、圖像、詞語、故事等。

從宏觀視角看，信是資訊、信任、信仰、信念等一切能將個體與個體，或陌生人與陌生人連接在一起的力量，號是一切信的載體和編碼。

正如哈拉瑞在《人類大歷史》中所說：「智人之所以成為智人而戰勝其他遠古人類，最關鍵的因素，就是智人具有獨特的語言能力，能夠透過複雜的語言，虛構出本不存在的故事，並透過信號這一形式，將這個故事傳播給更多的智人，獲得他們的信賴，使這個信號成為一個群體的共同信仰。」

什麼是超級信號

超級信號就是消費者看一眼或聽一遍就能識別、記住並獲得好感的品牌信號系統，是人人都熟悉、喜歡並按它的指令行動的信號；它能讓一個新品牌瞬間成為消費者熟悉的老朋友，並引發人們的購買行為；它能讓人們立馬放下警惕，進入認知放鬆狀態，而這種狀態的形成，正是長期的經典條件刺激反射形成的。

超級信號不是創造全新的東西，而是將人們大腦中已經存在的、具有普遍認知的超級信號原型和你的品牌進行嫁接，生成一套獨有的品牌超級信號系統。

在實際的品牌行銷中，我們會透過超級信號來引發三種反射行為：記住我（記住我的名字、樣子、價值）、選擇我（選擇我的商品、品牌、服務等能給我帶來收益的事物）、替我傳（超級信號既是刺激物，也是一個人們替我傳的超級資訊壓縮包；它會把原本向我買的消費者，變成主動替我賣的銷售者，從而引發爆發式的裂變效應）。

紅綠燈是全世界人民都熟悉的超級信號，而且人人都會按照它的指示行動；太陽和月亮也是全世界的人都熟悉的超級信號，數百萬年來，全世界的人都在按照它的指示行動，日出而作，日落而息；春節、端午節、中秋節等這些重大節日，也都是超級信號，我們都會按照它的指令行動。

打造超級品牌，就是打造一套人人都熟悉、喜歡並按它的指令行動的超級信號系統。

賈伯斯正是受到紅綠燈這個超級信號的啟發，將蘋果電腦系統視窗介面左上角的三個功能按鈕設計成了紅、黃、綠三色。這樣一來，即使使用者是第一次使用蘋果的產品，這種設計也能瞬間啟動大腦中紅綠燈這個超級信號原型的集體潛意識，僅憑直覺就能進行輕鬆操作（見下頁附圖1）。

有一次，我女兒在玩我的蘋果電腦。她用滑鼠非常熟練的點擊了一下紅色的X按鈕，把我正在撰寫的書稿檔案給關掉了。我問她：「妳怎麼知道紅色按鈕是用來關閉檔案的？」她調皮的回答我：「我本來就知道啊。」我頓時無語，只能對集體潛意識的力量五體投地。

拜耳醫藥公司（Bayer AG）受到太陽和月亮這兩個超級信號的啟發，將推出的感冒藥，嫁接在「太陽」和「月亮」這兩個超級信號原型上，命名為「白加黑」。基於這一設計，它還打出了「治療感冒，黑白分明」、「白天服白片，不瞌睡；晚上服黑片，睡得香」這兩句超級信號。上市僅一百八十天，白加黑的銷售額就突破了一．六億元，在擁擠的感冒藥市場上，分割了一五％的份額，取得了行業第二品牌的地位，在中國大陸行銷傳播史上堪稱奇蹟。

「白加黑」是個了不起的大創意。表面看來，它只是把感冒藥區分出了白片和黑片[1]，把感冒藥中的鎮靜劑「撲爾敏」放在了黑片中，實則其中蘊含著很大的行銷智慧。它不僅在品牌的外觀上與競品形成了巨大差異，甚至比我們前面提到的可口可樂曲線瓶的創意還要偉大。更重要的是，它與消費者的生活形態非常契合，採用的是消費者大腦中既有的編碼，也就是每個人每天都會按其指令行動的編碼（日出而作，日落而息）。它讓自己的品牌寄生在這一編碼之上，生成了自己的超級視覺信號和超級聽覺信號。

透過白天、晚上、太陽、月亮這四個超級信號的刺激，「白加黑」激發了人們潛意識裡的原力，引發了強烈的刺激反

▲**附圖 1**　蘋果電腦系統介面上功能按鈕的設計靈感。

射。要知道，太陽和月亮的信號強度非常大，地球上的每一個人都深受它們的影響。

我為現代支付公司設計的品牌標誌，符號部分選用的就是人見人愛的8這個超級信號原型（見附圖2）。經過這樣的信號編碼後，它在誕生之初就借用了已經累積上千年的品牌力量。即使消費者第一次看見它，也會有一見如故的感覺。它能瞬間啟動人們潛意識中對8的無限聯想，從而實現一大於一百的傳播效果。在這個標誌投入使用的第一年，現代支付的業績就實現了翻倍，由前一年的五千多億元，增長到超過一兆元。

阿里巴巴受「光棍節」（十一月十一日）這個超級信號的啟發，於二〇〇九年十一月十一日創辦了「雙十一」購物狂歡節，至二〇二一年已舉辦過十三屆。雙

▲**附圖2**　人見人愛的8。

1 類似臺灣諾比舒冒日夜感冒錠的設計，將白天和晚上吃的藥以不同的顏色區隔。

十一已經成為中國電子商務行業的年度盛事，並且逐漸影響到國際電子商務行業。僅二〇二〇年雙十一期間，天貓的成交額就高達四千九百八十二億元，比同期增長八五%。

打造品牌成本最低、效率最高的方式，就是把我們的品牌嫁接在人人都熟悉的超級信號原型上。這樣一來，我們的新品牌瞬間就能獲得超級原型的巨大能量，瞬間成為人們的老朋友。

我們的品牌超級信號通常不僅能引發購買行動，還能引發人們的替我傳行動。消費者在使用、體驗完我們的產品後，會把我們的產品或者品牌推薦給他的親朋好友，從而達到一傳千里、傳遍全國的效果。把向我買的消費者變成替我賣的銷售者，實現指數級的裂變增長。

打造超級品牌，就是打造品牌的超級信號系統。我把打造超級品牌的具體方法總結成了「超級信號四步法」（打破資訊差、建立信任感、超級信號的編碼與解碼、發射超級信號），我在本書第三篇（見第兩百三十八頁）已透過具體案例講解。

而品牌超級信號系統通常由五部分組成：

超級信號系統＝視覺信號（超級符號）＋聽覺信號（超級口號）＋嗅覺信號（超級味道）＋味覺信號（超級口感）＋觸覺信號（超級觸覺）。

這五部分就是我們常說的五感，是人類最主要的感知系統。五感是我們創建品牌超級信號系統的五大路徑。超級信號的特點可以概括為六點：超低成本、超低損耗、超級碎片、複利效應、超級能量、超級指令。

我在前人的基礎上經過系統梳理與總結，提出了自己的超級信號理論，用一句話概括就是：一切交易都離不開信號，一切傳播都是信號的編碼與解碼，一切購買行為都是信號的刺激與反射。

國家圖書館出版品預行編目（CIP）資料

記住我、選擇我、替我傳：人人該學的行銷心理學。本來沒興趣、錢不夠，你是怎麼被說服或操弄？變得好想要，愉快下單。／王宏偉著.--初版-- 臺北市 : 大是文化有限公司，2022.10
320 面 ; 14.8 × 21公分. --（Biz；404）
ISBN 978-626-7123-98-0（平裝）

1. CST：品牌行銷 2. CST：行銷策略
3. CST：行銷學

496 111012221

Biz 404

記住我、選擇我、替我傳

人人該學的行銷心理學。本來沒興趣、錢不夠，你是怎麼被說服或操弄？變得好想要，愉快下單。

作　　者／王宏偉
責任編輯／蕭麗娟
校對編輯／林盈廷
美術編輯／林彥君
副總編輯／顏惠君
總 編 輯／吳依瑋
發 行 人／徐仲秋
會計助理／李秀娟
會　　計／許鳳雪
版權主任／劉宗德
版權經理／郝麗珍
行銷企劃／徐千晴
行銷業務／李秀蕙
業務專員／馬絮盈、留婉茹
業務經理／林裕安
總 經 理／陳絜吾

出 版 者／大是文化有限公司
臺北市 100 衡陽路 7 號 8 樓
編輯部電話：（02）23757911
購書相關諮詢請洽：（02）23757911 分機 122
24 小時讀者服務傳真：（02）23756999
讀者服務 E-mail：haom@ms28.hinet.net
郵政劃撥帳號：19983366　戶名：大是文化有限公司
法律顧問／永然聯合法律事務所
香港發行／豐達出版發行有限公司 Rich Publishing & Distribution Ltd
地址：香港柴灣永泰道 70 號柴灣工業城第 2 期 1805 室
Unit 1805, Ph. 2, Chai Wan Ind City, 70 Wing Tai Rd,Chai Wan, Hong Kong
電話：2172-6513　傳真：2172-4355
E-mail：cary@subseasy.com.hk

封面設計／林雯瑛
內頁排版／Judy
印　　刷／緯峰印刷股份有限公司
出版日期／2022 年 10 月 初版
定　　價／新臺幣 460 元（缺頁或裝訂錯誤的書，請寄回更換）
ISBN 978-626-7123-98-0
電子書 ISBN／9786267192221（PDF）
9786267192214（EPUB）